北方工业大学
城乡规划专业学生
作品集

梁玮男　张　勃　主编

中国建筑工业出版社

图书在版编目（CIP）数据

北方工业大学城乡规划专业学生作品集 / 梁玮男，
张勃主编 . — 北京：中国建筑工业出版社，2023.7
ISBN 978-7-112-28949-3

Ⅰ.①北… Ⅱ.①梁…②张… Ⅲ.①城乡规划—建
筑设计—作品集—中国—现代 Ⅳ.①TU984.2

中国国家版本馆 CIP 数据核字（2023）第 130878 号

本作品集由两部分组成，第一部分为学校城乡规划专业自 2005 年创办至今的历届学生参加国内外重大竞赛的获奖作品；
第二部分为近五年来，城乡规划专业从一年级至五年级的优秀设计作业汇编。学生作品集的出版，既可以成为城乡规划专
业学生重要的教学参考书，也是北方工业大学建筑与艺术学院城乡规划专业自 2005 年成立以来学生学习成果的总结和展示，
同时也可以促进相关院校的合作与交流。本书适用于城乡规划专业的在校师生及相关专业爱好者阅读参考。

责任编辑：张　华　唐　旭
责任校对：党　蕾
校对整理：董　楠

北方工业大学城乡规划专业学生作品集
梁玮男　张　勃　主编
*
中国建筑工业出版社出版、发行（北京海淀三里河路 9 号）
各地新华书店、建筑书店经销
北京雅盈中佳图文设计公司制版
北京富诚彩色印刷有限公司印刷
*
开本：880 毫米 ×1230 毫米　横 1/16　印张：13³/₄　字数：426 千字
2023 年 7 月第一版　2023 年 7 月第一次印刷
定价：**188.00** 元
ISBN 978-7-112-28949-3
（41610）

portfolio

历经半载有余，《北方工业大学城乡规划专业学生作品集》终于在如火的暑期付梓，心中不胜欣喜。这是一本记录着北方工业大学城乡规划学子成长足迹的书籍，编辑整理作品集的过程虽有些琐碎，收录的学生作品也并不完整，但每一份作品背后都折射着城乡规划师生教学相长的点点滴滴，平凡而温暖。

北方工业大学城市规划专业创办于 2005 年，迄今已有 13 届毕业生。伴随着近年来我国城镇化快速发展，国土空间规划、城市更新、乡村振兴等战略的持续推进，本校城乡规划专业办学也取得了长足发展，并获批北京市一流专业建设点。自 2007 年起，城市（乡）规划专业学生已连续获得由全国城乡规划专业指导委员会主办、全国高等院校学生优秀作业评选的各类奖项近 40 项。在各类国际、国内高水平设计竞赛中取得优异成绩，为首都社区微更新、城市公共空间规划设计提供服务。

作为专业教师及本书的编者，我们见证了本校城乡规划专业从创办伊始到茁壮成长的历程，在作品集的整理过程中，也再次重温了师生共同学习进步的画面，那种温馨与幸福着实无以言表，能够有机会编辑出版这本学生作品集，与我们而言是莫大的欣喜与骄傲。

因篇幅所限，本书仅收录了城乡规划专业的部分学生作品。作品集包括两部分：其一，收录了城乡规划学生参加国内外各类设计竞赛的参赛及获奖作品；其二，按照各年级作业的类别分别收录了部分优秀学生作业，以我校首届"浩艺杯"学生获奖作业为主。本书收录的竞赛作品主要包括历年的专指委竞赛获奖作业、国际、国内各级各类设计竞赛作品；优秀学生作业则涵盖了一年级的铁丝造、聚苯造、纸板造、石膏造、木造等"五造"作业，二年级的书院、幼儿园、别墅作业，三年级的居住区规划，四年级的城市更新设计等作业。为更完整地展现各年级设计作业全貌，本次收录的低年级作业包含了少量建筑学、风景园林作业。此外，由于近年来的毕业设计均以各类校际联合毕业设计进行组织，毕设优秀作品已相继出版，因此并未收录在本次作品集中。

本书虽不能完整展示本校城乡规划专业的办学成果，但作为阶段性的总结以及抛砖引玉之作，希望可以管中窥豹，初步呈现城乡规划学子的专业素养与专业水平，也期待着后续系列作品集的整理与出版。

最后，感谢学校及学院对于本书出版的大力支持，感谢城乡规划专业教师们近 20 年的努力与奉献，让我们共同期待北方工业大学城乡规划专业更加美好的明天！

2023 年 7 月于浩学楼

目录 CONTENTS

第一单元　竞赛获奖作品

工业遗产地的复兴
中心区城市设计
历史街区有机更新和
城中村改造
乡村规划设计
景观规划设计

Steel Structure

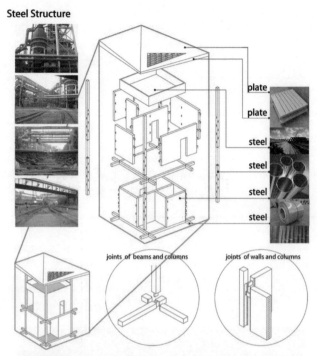

plate
plate
steel
steel
steel
steel

joints of beams and columns　　joints of walls and columns

由于环境污染、节能减排及北京奥运会等原因，首钢于2010年底在北京市区全部停产，完成搬迁，主厂区内留下了大量的建筑物、构筑物及设施设备，这些工业遗存需要得到合理的保护与再利用；同时也面临着历史包袱沉重、社会矛盾突出等诸多问题。在更新改造过程中如何做到既能有效地保护工业遗产，又能实现地区经济、社会、文化与环境的协调发展，是一个时代的难题。

⑥ 工业遗产保护规划

ⓔ 建筑高度分区规划

工业遗产地的复兴

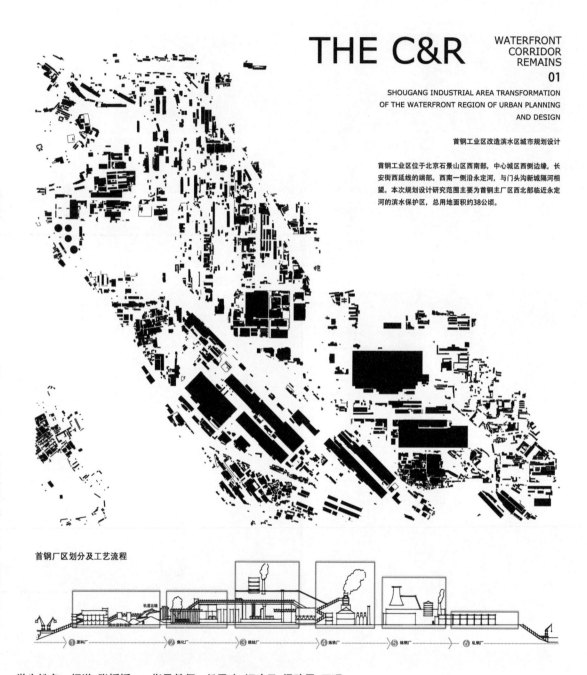

THE C&R
WATERFRONT CORRIDOR REMAINS
01

SHOUGANG INDUSTRIAL AREA TRANSFORMATION
OF THE WATERFRONT REGION OF URBAN PLANNING
AND DESIGN

首钢工业区改造滨水区城市规划设计

首钢工业区位于北京石景山区西南部，中心城区西侧边缘，长安街西延线的端部。西南一侧沿永定河，与门头沟新城隔河相望。本次规划设计研究范围主要为首钢主厂区西北部临近永定河的滨水保护区，总用地面积约38公顷。

首钢厂区划分及工艺流程

作品名称：THE C&R 廊桥遗梦——首钢工业区改造滨水区城市设计　　学生姓名：杨洋 张媛媛　　指导教师：任雪冰 姬凌云 梁玮男 王珺

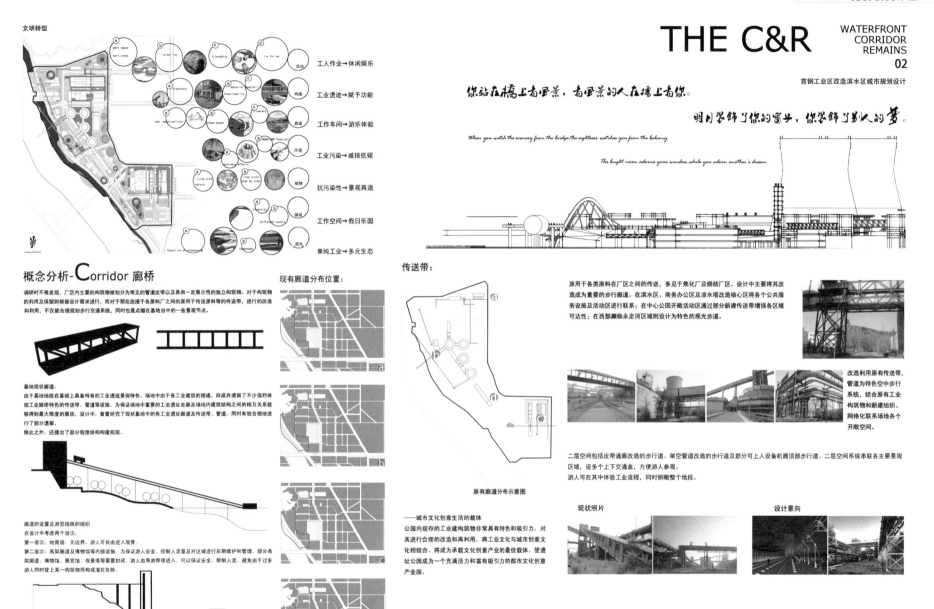

文明转型

工人作业→休闲娱乐　活动

工业遗迹→赋予功能　构建

工作车间→游乐体验　旅造

工业污染→减排低碳　环道

抗污染性→景观再造　植物

工作空间→假日乐园　游水

单纯工业→多元生态　滨水

THE C&R

WATERFRONT CORRIDOR REMAINS

02

首钢工业区改造滨水区城市规划设计

你站在桥上看风景，看风景的人在楼上看你。

明月装饰了你的窗子，你装饰了别人的梦。

When you watch the scenery from the bridge,the sightseer watches you from the balcony.

The bright moon adorns your window,while you adorn another's dream.

概念分析-Corridor 廊桥

调研时不难发现，厂区内主要的构筑物被规划分为常见的管道皮带以及具有一定展示性的独立构筑物。对于构筑物的利用及保留则根据设计需求进行，而对于那些连接于各原料厂之间的原用于传送原料等的传送带，进行的改造和利用，不仅能合理规划步行交通系统，同时也点缀在基地当中的一些景观节点。

基地现状廊道：

由于基地地段在基础上具备特有的工业遗迹景观特色，场地中由于各工业建筑的搭建，形成并遗留了不少强烈体现工业廊桥特色的传送带、管道等设施。为保证场地中重要的工业遗址走廊及场地内建筑结构之间的相互关系能够得到最大限度的展示，设计中着重研究了现状基地中的各工业遗址廊道及传送带、管道，同时有效合理地进行了部分遗留。

除此之外，还遗出了部分假想结构建构框架。

廊道的设置及游览线路的组织

在设计中考虑两个层次：

第一层次：地面层，无边界，游人可自由进入观赏。

第二层次：高架廊道及博物馆等内部设施。为保证游人安全、控制人流量及对区域进行后期维护和管理，部分高架廊道、博物馆、展览馆、观景塔等等需要封闭。游人由导游带领进入。可以保证安全，限制人流，避免由于过多游人同时登上某一构筑物而构成潜在危险。

现有廊道分布位置：

a

b

c

传送带：

原有廊道分布示意图

原用于各类原料在厂区之间的传送，多见于焦化厂及烧结厂区。设计中主要将其改造成为重要的步行廊道。在滨水区、商务办公区及凉水塔改造核心区将各个公共服务设施及活动区进行联系；在中心公园开敞活动区通过部分新建传送带增强各区域可达性；在西部濒临永定河区域则设计为特色的观光步道。

改造利用原有传送带、管道为特色空中步行系统，结合原有工业构筑物和新建组织，网络化联系场地各个开敞空间。

二层空间包括皮带通廊改造的步行道、架空管道改造的步行道及部分可上人设备机器顶部步行道。二层空间系统串联各主要景观区域，设多个上下交通盒，方便游人参观。

游人可在其中体验工业流程，同时俯瞰整个地段。

——城市文化创意生活的载体

公园内现存的工业建构筑物非常具有特色和吸引力，对其进行合理的改造和再利用，将工业文化与城市创意文化相结合，将成为承载文化创意产业的最佳载体，使遗址公园成为一个充满活力和富有吸引力的都市文化创意产业园。

现状照片　　**设计意向**

作品名称：THE C&R 廊桥遗梦——首钢工业区改造滨水区城市设计　　学生姓名：杨洋 张媛媛　　指导教师：任雪冰 姬凌云 梁玮男 王珺

工业遗产地的复兴

元素分层分析

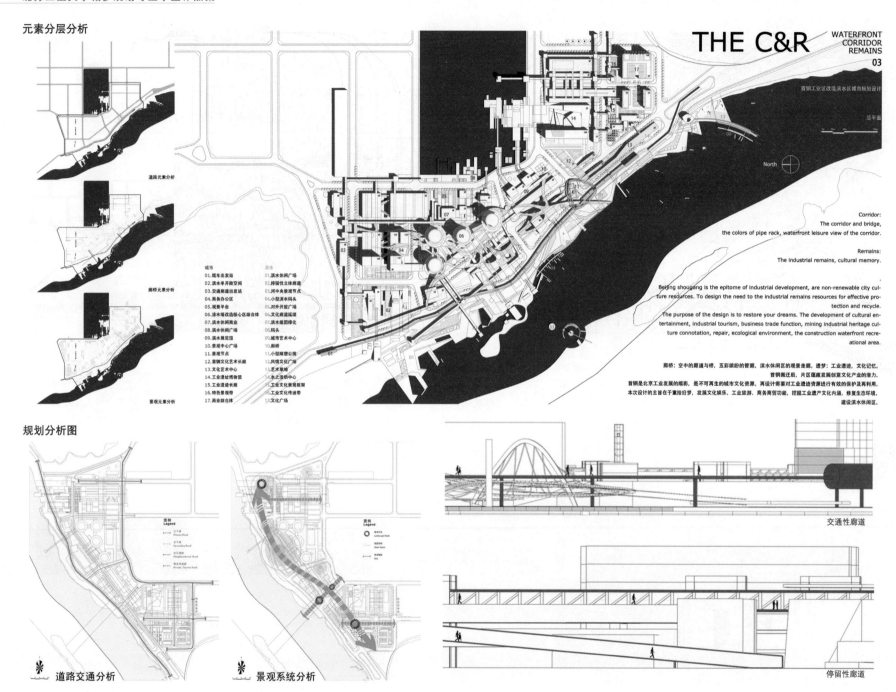

道路元素分析

廊桥元素分析

景观元素分析

THE C&R — WATERFRONT CORRIDOR REMAINS

03

首钢工业区改造滨水区城市规划设计

总平面

North

城市
01.缆车出发站
02.滨水半开放空间
03.交通廊道出发站
04.商务办公区
05.观景平台
06.滨水塔改造核心区综合体
07.滨水休闲商业
08.滨水休闲广场
09.滨水展览馆
10.景观中心广场
11.景观节点
12.首钢文化艺术长廊
13.文化艺术中心
14.工业遗址博物馆
15.工业遗迹长廊
16.特色景观带
17.商业综合体

滨水
01.滨水休闲广场
02.保留性立体廊道
03.河中央景观节点
04.小型滨水码头
05.对外开放广场
06.文化廊道延续
07.城市组团绿化
08.码头
09.城市艺术中心
10.廊桥
11.小型雕塑公园
12.风情文化广场
13.艺术草场
14.水上活动中心
15.工业文化景观眺架
16.工业文化传送带
17.文化广场

Corridor:
The corridor and bridge, the colors of pipe rack, waterfront leisure view of the corridor.

Remains:
The industrial remains, cultural memory.

Beijing shougang is the epitome of industrial development, are non-renewable city culture resources. To design the need to the industrial remains resources for effective protection and recycle.
The purpose of the design is to restore your dreams. The development of cultural entertainment, industrial tourism, business trade function, mining industrial heritage culture connotation, repair, ecological environment, the construction waterfront recreational area.

廊桥：空中的廊道与桥，五彩缤纷的管廊，滨水休闲区的观景走廊。遗梦：工业遗迹，文化记忆。
首钢圈迁后，片区蕴藏发展创意文化产业的潜力。
首钢是北京工业发展的缩影，是不可再生的城市文化资源。再设计需要对工业遗迹资源进行有效的保护及再利用。
本次设计的主旨在于重拾旧梦，发展文化娱乐、工业旅游、商务商贸功能，挖掘工业遗产文化内涵，修复生态环境，建设滨水休闲区。

规划分析图

图例
Legend

道路交通分析

景观系统分析

交通性廊道

停留性廊道

工业遗产地的复兴

THE C&R

WATERFRONT
CORRIDOR
REMAINS

04

首钢工业区改造滨水区城市规划设计

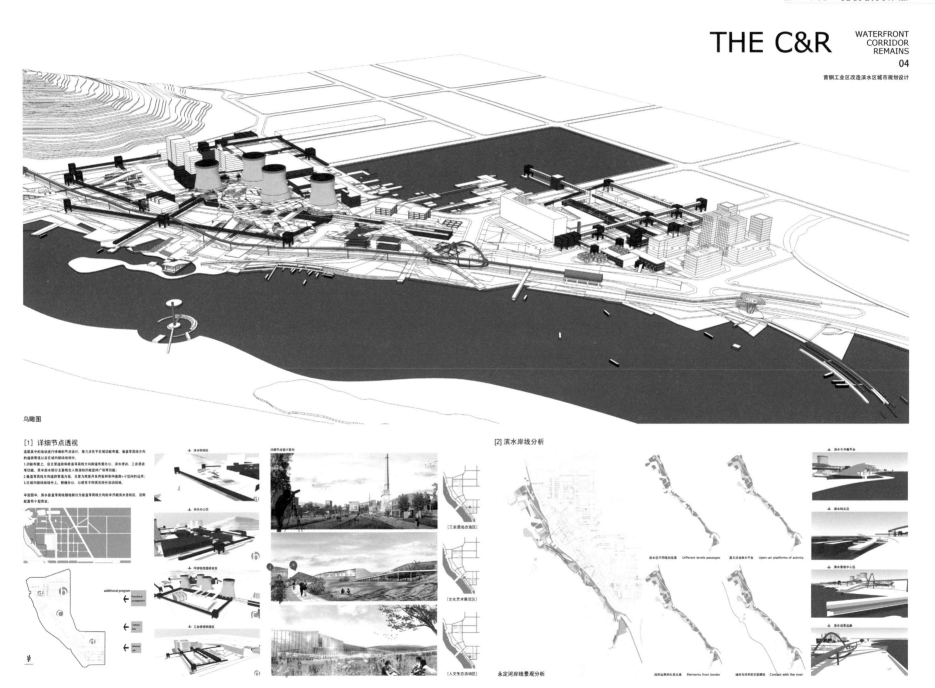

鸟瞰图

[1] 详细节点透视

选取其中的地块进行详细的节点设计,着力点在于区域功能布置,垂直等高线方向的道路营造以及区域内部场地划分。
1.功能布置上,沿主要道路和垂直等高线方向侧摆布置办公、滨水活动、工业遗迹等功能,其中滨水部分主要包含人则涵盖的开敞空间广场等功能。
2.垂直等高线方向沟通跨度量边界,主要为底层开发者和各种强调+小空间的运用;
3.区域内部场地划分上,根据办公、公建等不同使尼划分部分活动场地。

平面图中,滨水垂直等高线辖地部分为垂直等高线方向的半开敞滨水活动区,沿侧配置有小型商业。

additional program

functional arrangement

滨水休闲区

商务办公区

冷却塔改造综合区

工业遗迹改造区

详细节点设计意向

[工业遗迹改造区]

[文化艺术展览区]

[人文生态活动区]

[2] 滨水岸线分析

滨水区不同标段段落　Different levels passages

蓝兴活动亲水平台　Open-air platforms of activity

滨水平开敞平台

滨水码头区

滨水观塔中心区

滨水观景走廊

永定河岸线景观分析

河岸边界的生态元素　Elements from border

场所与河岸的关联耦合　Contact with the river

工业遗产地的复兴

工业遗产地的复兴

场地认知

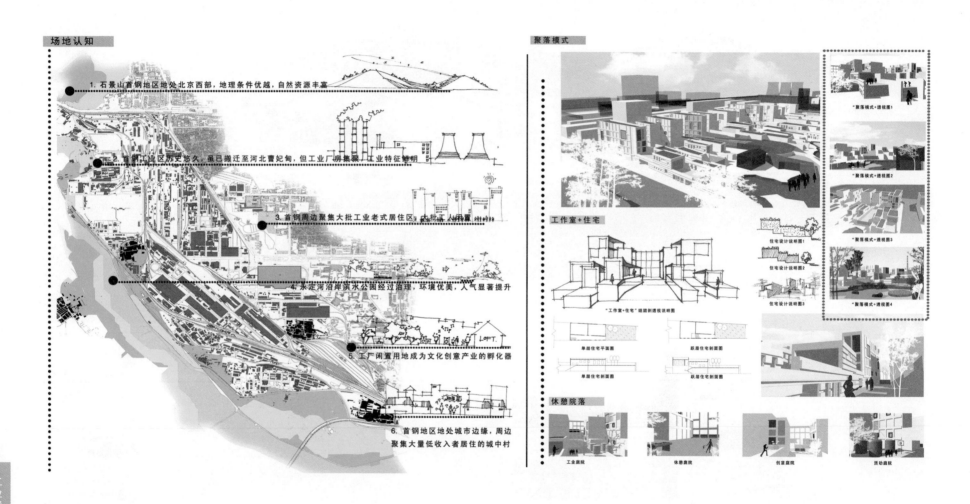

1. 石景山首钢地区地处北京西部，地理条件优越，自然资源丰富

2. 首钢工业区历史悠久，虽已搬迁至河北曹妃甸，但工业厂房集聚，工业特征鲜明

3. 首钢周边聚集大批工业老式居住区，大批工人闲置

4. 永定河沿岸滨水公园经过治理，环境优美，人气显著提升

5. 工厂闲置用地成为文化创意产业的孵化器

6. 首钢地区地处城市边缘，周边聚集大量低收入者居住的城中村

聚落模式

"聚落模式+透视图1
"聚落模式+透视图2
"聚落模式+透视图3
"聚落模式+透视图4

工作室+住宅

住宅设计说明图1
住宅设计说明图2
住宅设计说明图3

"工作室+住宅"组团剖透视说明图

单层住宅平面图 　 跃层住宅剖面图
单层住宅剖面图 　 跃层住宅剖面图

休憩院落

工业庭院 　 休憩庭院 　 创意庭院 　 活动庭院

作品名称：城市棕地的"聚落"效应——首钢工业区有机更新设计　学生姓名：王建龙 黄志伟　指导教师：梁玮男 任雪冰 姬凌云

基地解决策略

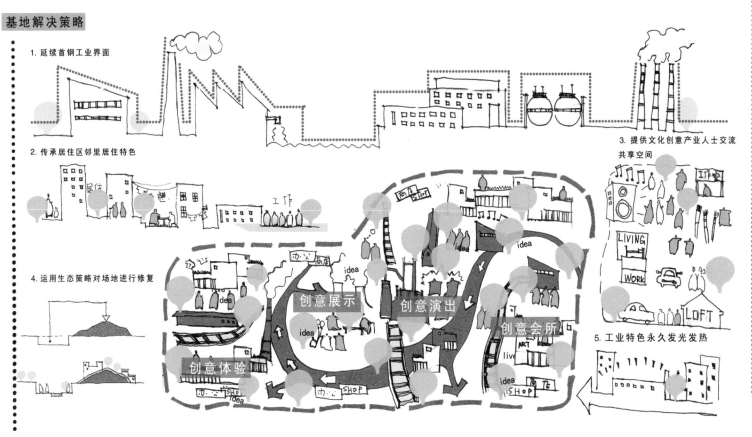

1. 延续首钢工业界面

2. 传承居住区邻里居住特色

4. 运用生态策略对场地进行修复

创意展示

创意演出

创意会所

创意体验

3. 提供文化创意产业人士交流共享空间

5. 工业特色永久发光发热

文化创意产业类型

音乐 MUSIC
制作
生产
销售
CLASSICAL
ROCK

艺术创作 ART
创作
展览

服装 CLOTH

广告 ADVERTISING

工业遗产地的复兴

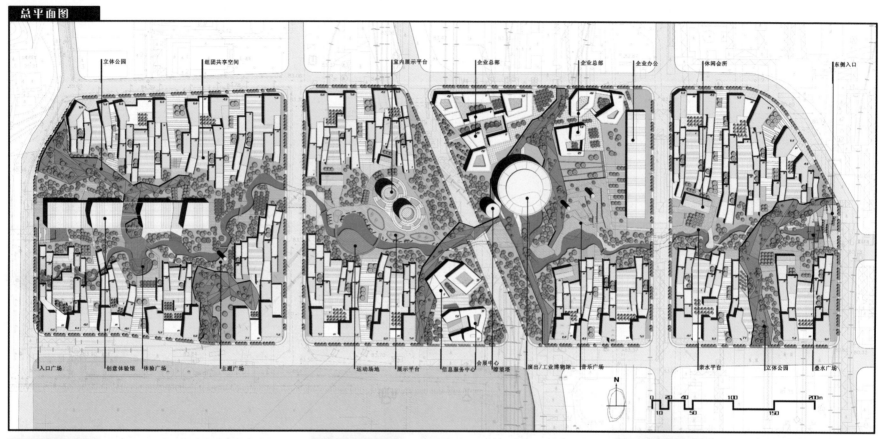

总平面图

立体公园　　组团共享空间　　室内展示平台　　企业总部　　企业总部　　企业办公　　休闲会所　　东侧入口

入口广场　　创意体验馆　体验广场　　主题广场　　运动场地　展示平台　信息服务中心　演出/工业博物馆　音乐广场　　亲水平台　　立体公园　叠水广场　瞭望塔　　会展中心

N

0 20 40　　　100　　　200m
10　　50　　　150

功能分析

图例　小型办公\综合服务　居住　工作室　共享平台　产业配套　保留工业建筑

交通分析

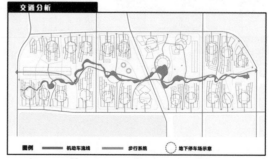

图例　机动车流线　步行系统　地下停车场示意

建筑图底

图例　建筑

工业遗产地的复兴

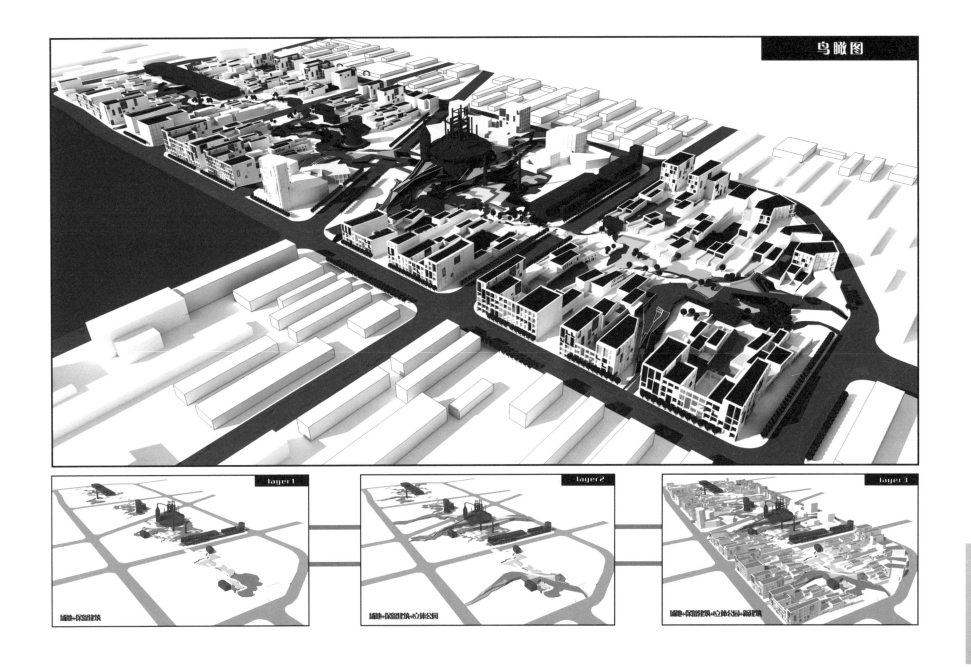

鸟瞰图

layer1

场地+保留建筑

layer2

场地+保留建筑+立体公园

layer3

场地+保留建筑+立体公园+新建筑

工业遗产地的复兴

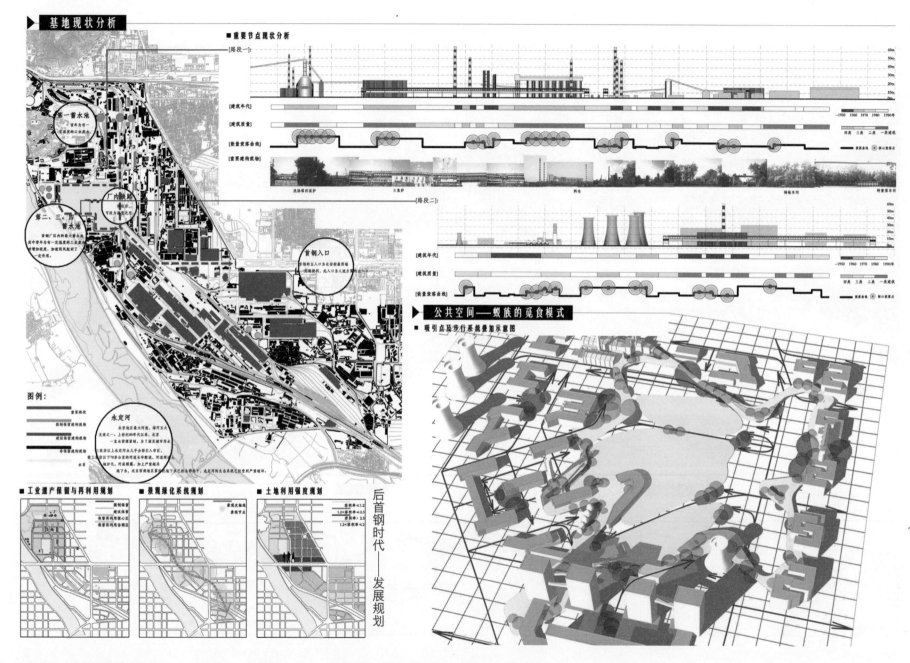

基地现状分析

■重要节点现状分析

[路段一]

[建筑年代]
[建筑质量]
[能量衰落曲线]
[重要建构筑物]

[路段二]

[建筑年代]
[建筑质量]
[能量衰落曲线]

第一蓄水池

第二、三、四蓄水池

厂内铁路

首钢入口

永定河

图例：

■工业遗产保留与再利用规划　　■景观绿化系统规划　　■土地利用强度规划

▶ 公共空间——蚁族的觅食模式

■吸引点及步行系统叠加示意图

后首钢时代——发展规划

工业遗产地的复兴

作品名称：新蚁族的后首钢时代　　学生姓名：李博洋　敬鑫　　指导教师：梁玮男　任雪冰　姬凌云　于海漪

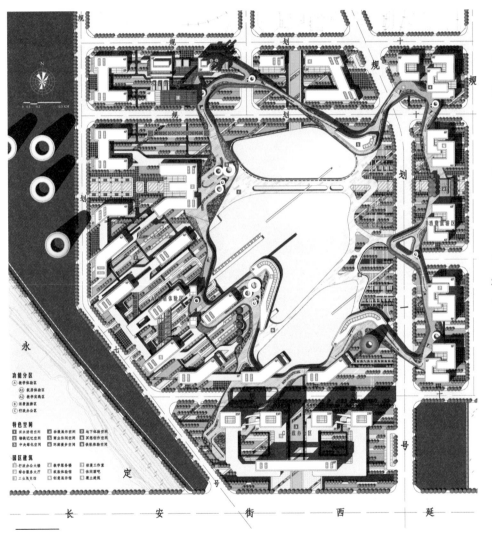

功能分区
Ⓐ 教学体验区
　Ａ1 故事体验区
　Ａ2 教学实践区
　Ｂ 消费旅游区
　Ⓒ 行政办公区

特色空间

园区建筑

▶ 环空间分析

■ 设计构思

1. [新旧建筑间的连接体] 设计基于保留建筑的基础上进行，如何将新建筑与保留建筑融会贯通成为设计的关键。为解决这一问题，设计以[旧建筑作为基点]，通过空中连廊将旧建筑与新建筑[串]在一起，从而形成方案。

[环空间衍生]

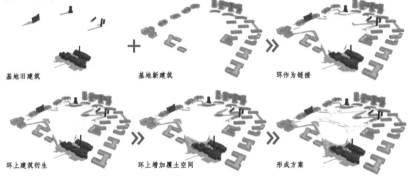

基地旧建筑　　　　　基地新建筑　　　　　环作为链接

环上建筑衍生　　　环上增加覆土空间　　　形成方案

2. [水平设计] 在确定环基点位置后，环开始在水平方向上延伸，其形态以[模仿]蚂蚁洞穴的[沟壑地貌]为主，环环相套，水平构图[类似洞穴]形式。

沟壑地貌模仿　　　　　　　　　　　　　　　水平衍生

3. [垂直设计] 设计以水平方向的平行链接为基础，分别将环[向下变化形成入口]，[向上变化形成空中走廊]，同时在上下[共同作用下形成空间]锥形。

环水平链接　　　　　　　　　　　　　环垂直向下变化

环垂直向上变化　　　　　　　　　垂直方向上下共同作用形成空间

工业遗产地的复兴

作品名称：新蚁族的后首钢时代　　学生姓名：李博洋 敬鑫　　指导教师：梁玮男 任雪冰 姬凌云 于海漪

▶ **规划鸟瞰**

■设计说明

[对于规划] 本设计复合京钢旧址的历史支脉延承传承京钢精神的同时，把那些京钢时代功能定位，将那些建筑融入相关义和"新秩序"。

固北方京钢旧址为"新秩序"打通"跨越场"的概念，让"新秩序"切实在生活即"穴穴"里，从而将传"京钢精神"将"京钢精神"发扬光大。

[对于设计] 本设计首先需考虑到经解析[环境]要点，按规划规划地块，组织主要出入口，营造相连通道，苏此借鉴[穴穴]模式对于自然能源场地的智慧，通过建筑环境到[较大]，按整合原建筑环境布局，符合冬夏各地区的节能要求。其次，沿用[穴穴]模式的[互补]概念，本着区内的[建筑类别]，总多门类项目点形成集聚效应。从[溢出]期[有序]，第四，营造紧凑的[互房]模式，在室外空间打造多处项目点形成集聚效应。

体现，推施、张设主一体四多的[公共支脉]，最终形成此设计。

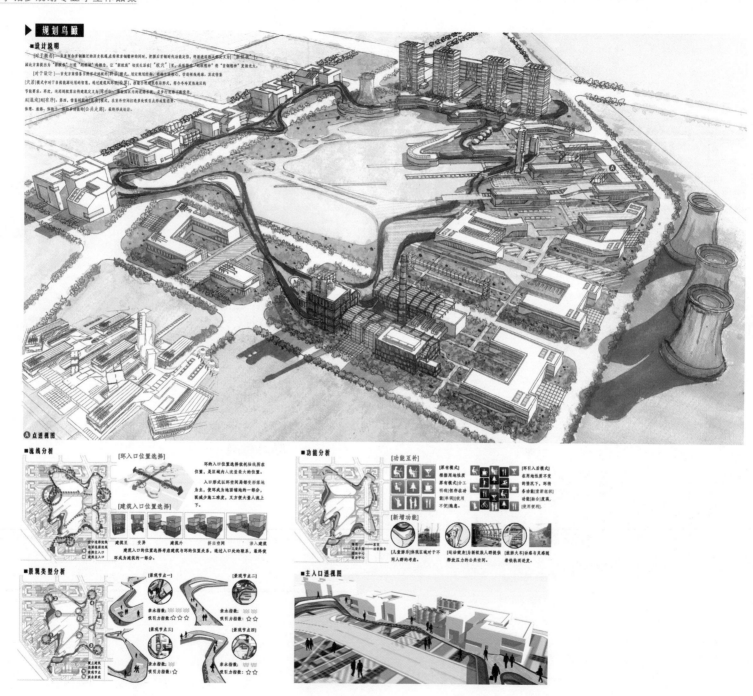

Ⓐ点透视图

■流线分析

[环入口位置选择]

环的入口位置选择停依托场地所在位置，是区域内人流量最大的位置。

入口形式以环窗网局都为形落地为主，使环成为地面铺地的一部分，既减少施工难度，又方便大量人流上下。

[建筑入口位置选择]

建筑入口的位置选择考虑建筑与环的位置关系，通过入口处的联系，最终使环成为建筑的一部分。

建筑旦　交异　建筑外　挤出空间　涉入建筑

■功能分析

[功能互补]

[原有模式] 根据用地性质原有模式分工明确[保存在功能]单则[使用不便]隐患。

[新增功能]

[儿童游乐]体现区域对于不同人群的考虑。[运动健身]为新敏族人群提供释放压力的公共空间。[漫游大车]动感与其轨城着较快地逆度。

[环引入后模式]在用地性质原不变的情况下，环将各功能[重新组织]功能[新合]度高，[使用便利]。

■景观类型分析

[景观节点一]　[景观节点二]
亲水指数：〜〜〜　亲水指数：〜〜
吸引力指数：☆☆☆　吸引力指数：☆☆

[景观节点三]　[景观节点四]
亲水指数：〜〜　亲水指数：〜〜〜
吸引力指数：☆　吸引力指数：☆☆

■主入口透视图

规划设计分析

规划设计说明

- 文化创意连锁产业为基地注入活力因素，混合型商业吸引各类人群，促进滨水区的复兴。

- 一轴两带环网的道路体系，着重发展慢行交通，为自行车开辟单独的道路网，提供公共自行车租赁及配套设施，使人们使用绿色交通工具更加方便。

- 滨水带以主题广场与生态涵养绿地构成，塑造出为人群服务的功能性滨水空间，大面积绿化改善滨水环境质量，促进环境优美的亲水景观形成。

功能分区示意图

图例
- 文化创意办公区
- 复合商业区
- 创意艺术DIY区
- 文化创意展览馆
- 中央景观大道
- 滨水休闲娱乐区

道路系统示意图

图例
- 主干道
- 次干道
- 车行道
- 主要慢行道　　▲机动车出入口
- 次要慢行道　　P地上停车场
- 集散广场　　　P地下车库出入口

慢行交通系统示意图

图例
- 铁路
- 慢行道
- 架高道
- 单车景观轴线
- 单车租赁服务点

景观绿地示意图

图例
- 主要景观节点
- 次要景观节点
- 滨水活力点
- 主要景观轴线　　滨水渗透带
- 次要景观轴线　　滨水生态绿地

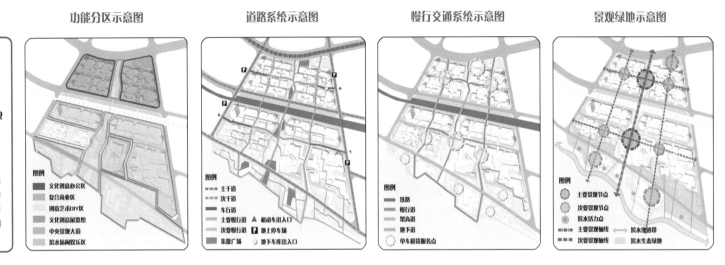

规划结构分析

规划结构分区示意图

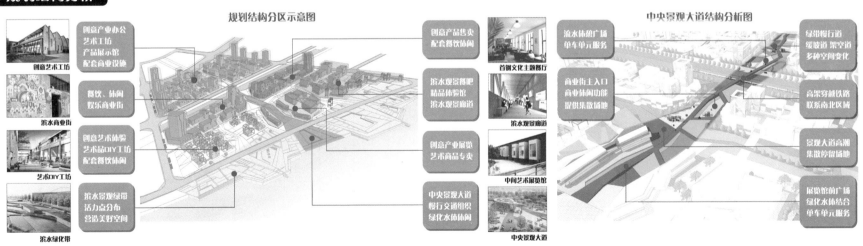

创意艺术工坊

滨水商业街

艺术DIY工坊

滨水绿化带

创意产业办公
艺术工坊
产品展示馆
配套商业设施

餐饮、休闲
娱乐商业街

创意艺术体验
艺术品DIY工坊
配套餐饮休闲

滨水景观绿带
活力点分布
营造美好空间

创意产品售卖
配套餐饮休闲

滨水观景餐吧
精品体验馆
滨水观景廊道

创意产业展览
艺术商品专卖

中央景观大道
慢行交通组织
绿化水体休闲

首钢文化主题餐厅

滨水观景廊道

中间艺术展览馆

中央景观大道

中央景观大道结构分析图

滨水休憩广场
单车单元服务

商业街主入口
商业休闲功能
提供集散场地

绿带慢行道
缓坡道 架空道
多种空间变化

高架穿越铁路
联系南北区域

景观大道高潮
集散停留场地

展览馆前广场
绿化水体结合
单车单元服务

作品名称：单车时代——首钢工业区滨水空间城市设计　　学生姓名：邱江闽　宋婉玥　　指导教师：梁玮男　任雪冰　李婧　姬凌云

工业遗产地的复兴

规划总平面图

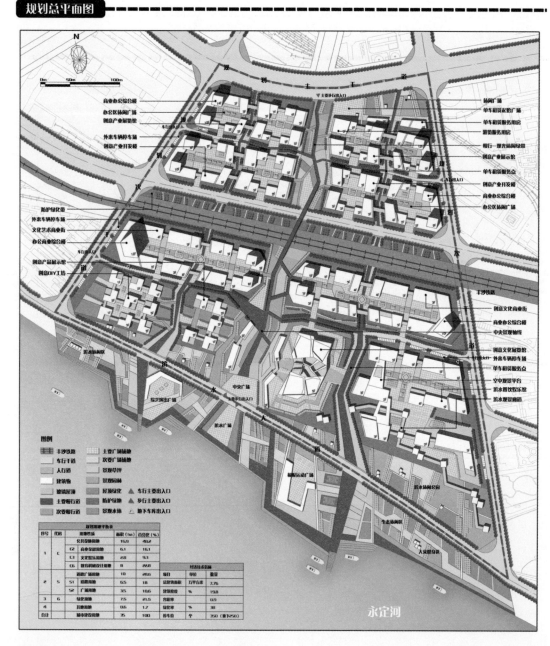

滨水岸线主要功能意向分析

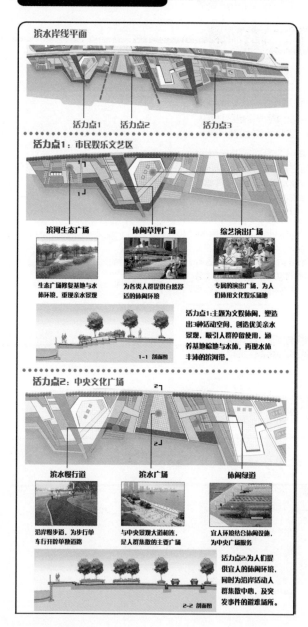

作品名称： 单车时代——首钢工业区滨水空间城市设计　　　**学生姓名：** 邱江闽　宋婉玥　　　**指导教师：** 梁玮男　任雪冰　李婧　姬凌云

工业遗产地的复兴

天际线分析

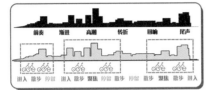

西南立面

鸟瞰图

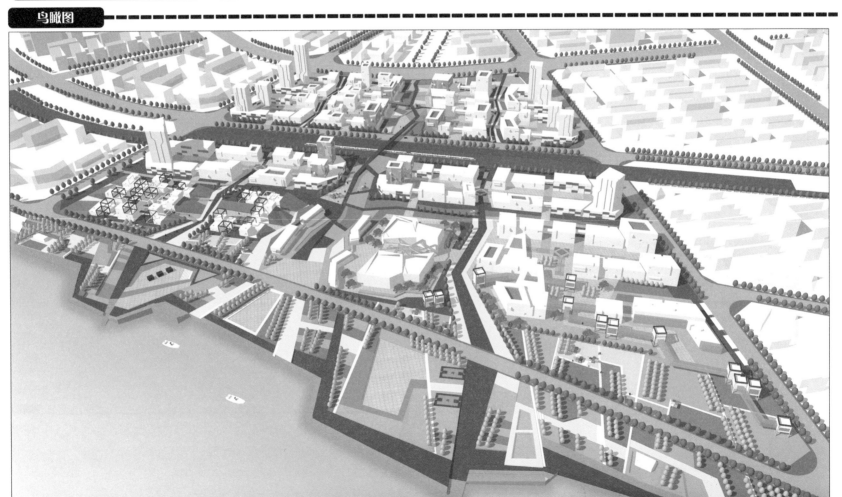

工业遗产地的复兴

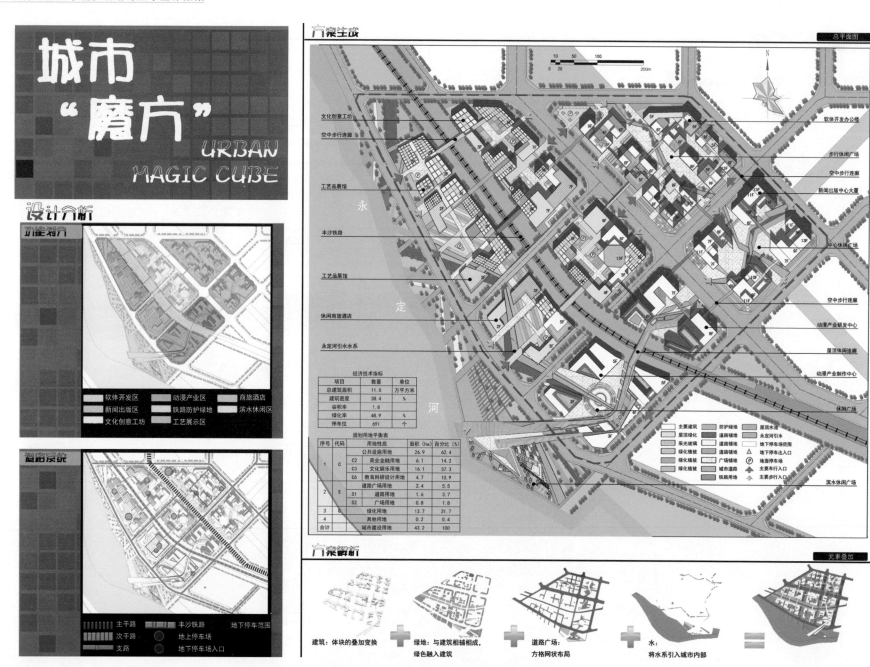

城市"魔方"
URBAN MAGIC CUBE

设计介绍

工业遗产地的复兴

方案生成

总平面图

经济技术指标

项目	数量	单位
总建筑面积	11.0	万平方米
建筑密度	38.4	%
容积率	1.8	
绿化率	48.9	%
停车位	691	个

规划用地平衡表

序号	代码	用地性质	面积 (ha)	百分比 (%)
1	C	公共设施用地	26.9	62.4
	C2	商业金融用地	6.1	14.2
	C3	文化娱乐用地	16.1	37.3
	C6	教育科研设计用地	4.7	10.9
2	S	道路广场用地	2.4	5.5
	S1	道路用地	1.6	3.7
	S2	广场用地	0.8	1.8
3	G	绿化用地	13.7	31.7
4		其他用地	0.2	0.4
合计		城市建设用地	43.2	100

方案解析 **元素叠加**

建筑：体块的叠加变换 ＋ 绿地：与建筑相辅相成，绿色融入建筑 ＋ 道路广场：方格网状布局 ＋ 水：将水系引入城市内部 ＝

作品名称：城市"魔方"——首钢工业区滨水城市设计　学生姓名：杨淑琳 李孟琪　指导教师：梁玮男 李婧

滨水改造

现状示意
沿河空间产业布局混乱，影响滨河面视觉效果，部分产业对对河水造成污染。

改造后示意
对滨河空间产业布局进行调整，营造更好的滨河视觉效果，形成有机统一的建筑肌理。

现状示意
沿河道路选线唯一，缺少绿化缓冲空间和市民滨水活动场所。

改造后示意
优化沿河道路选线，尽可能多地让出绿化缓冲空间，为市民增添更多的滨水活动场所。

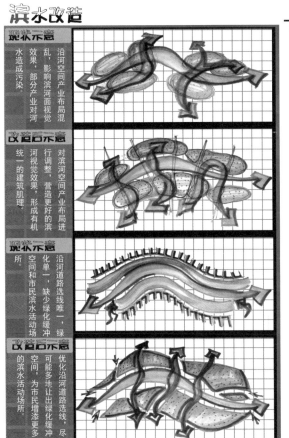

方案展示

局部展示

新闻中心鸟瞰
通过"魔方"的叠加变换，用简单的方块元素形成富有变化的建筑群体

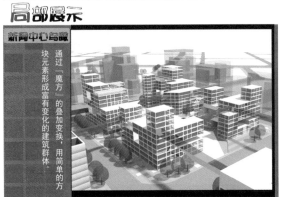

滨水岸线展示

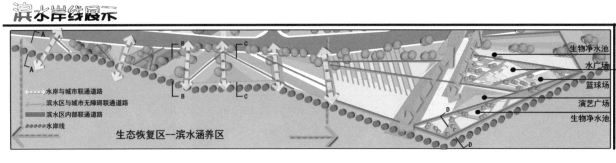

水岸与城市联通道路
滨水区与城市无障碍联通道路
滨水区内部联通道路
水岸线

生态恢复区—滨水涵养区

生物净水池
水广场
篮球场
演艺广场
生物净水池

工业遗产地的复兴

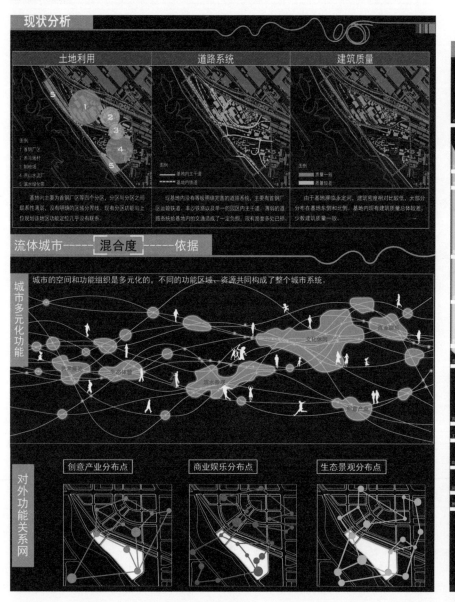

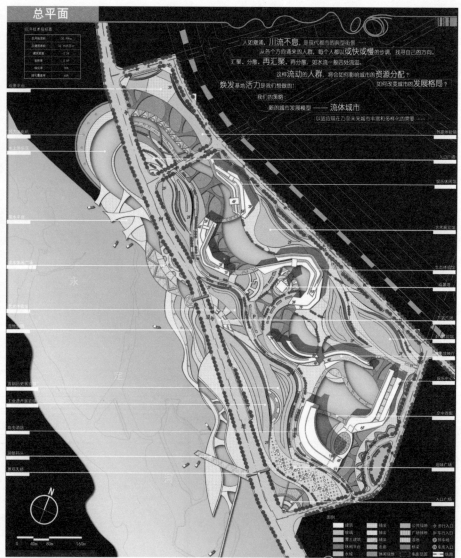

现状分析

土地利用　　道路系统　　建筑质量

流体城市————混合度————依据

城市的空间和功能组织是多元化的,不同的功能区域、资源共同构成了整个城市系统。

创意产业分布点　　商业娱乐分布点　　生态景观分布点

城市多元化功能

对外功能关系网

工业遗产地的复兴

总平面

作品名称:流体城市——首钢工业区滨水城市设计　　学生姓名:白旭 邓清　　指导教师:梁玮男 李婧

鸟瞰图

工业遗产地的复兴

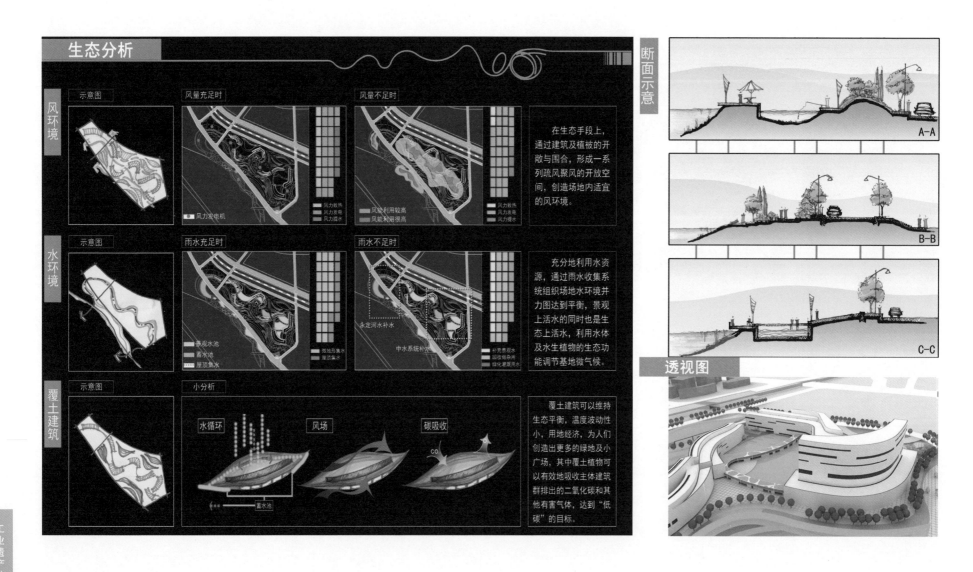

生态分析

断面示意

透视图

风环境

示意图 | 风量充足时 | 风量不足时

风力发电机

风力致热 / 风力发电 / 风力提水

风能利用较高 / 风能利用很高

风力致热 / 风力发电 / 风力提水

在生态手段上，通过建筑及植被的开敞与围合，形成一系列疏风聚风的开放空间，创造场地内适宜的风环境。

水环境

示意图 | 雨水充足时 | 雨水不足时

永定河水补水

中水系统补水

景观水池 / 蓄水池 / 屋顶集水

洼地形集水 / 屋顶集水

补充景观水 / 回收中水备用 / 绿化建筑用水

充分地利用水资源，通过雨水收集系统组织场地水环境并力图达到平衡，景观上活水的同时也是生态上活水，利用水体及水生植物的生态功能调节基地微气候。

覆土建筑

示意图 | 小分析

水循环 | 风场 | 碳吸收

蓄水池

CO_2

覆土建筑可以维持生态平衡，温度波动性小，用地经济，为人们创造出更多的绿地及小广场，其中覆土植物可以有效地吸收主体建筑群排出的二氧化碳和其他有害气体，达到"低碳"的目标。

A-A

B-B

C-C

作品名称：流体城市——首钢工业区滨水城市设计　　**学生姓名：白旭　邓清**　　**指导教师：梁玮男　李婧**

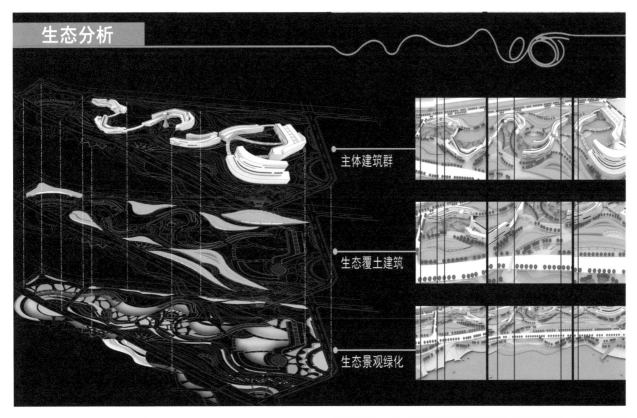

生态分析

主体建筑群

生态覆土建筑

生态景观绿化

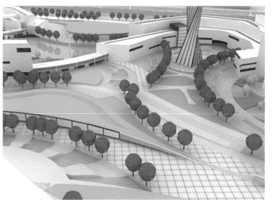

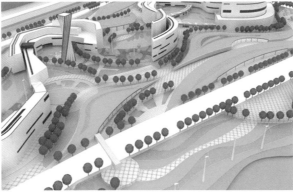

工业遗产地的复兴

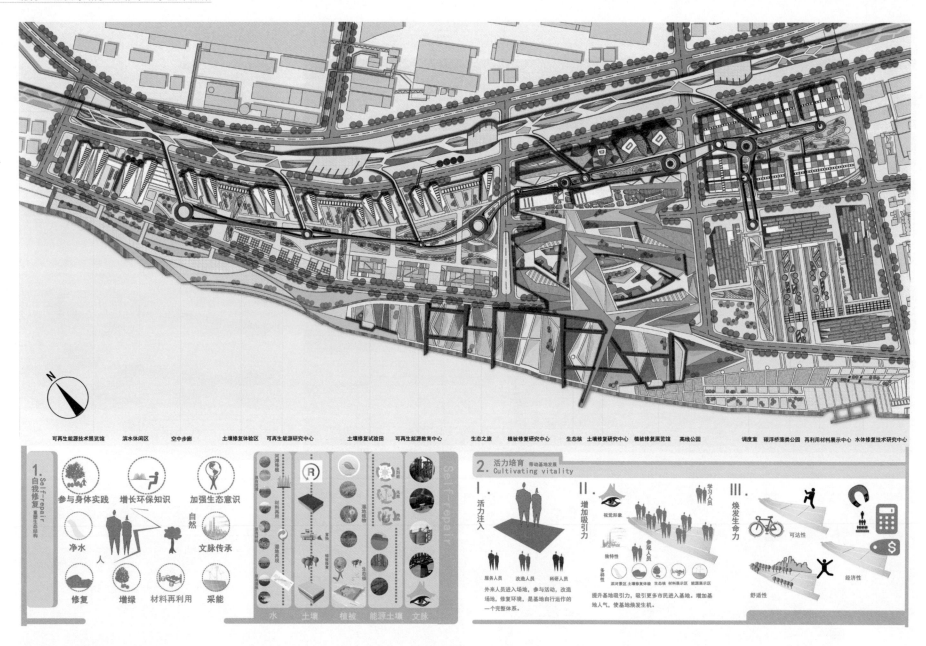

可再生能源技术展览馆　滨水休闲区　空中步廊　　土壤修复体验区　可再生能源研究中心　　土壤修复试验田　可再生能源教育中心　　生态之旅　植被修复研究中心　生态核　土壤修复研究中心　植被修复展览馆　高线公园　　调度室　碳浮桥藻类公园　再利用材料展示中心　水体修复技术研究中心

1. 自我修复 Self-repair 重塑生态结构

参与身体实践　增长环保知识　加强生态意识
自然
净水　人　文脉传承
修复　增绿　材料再利用　采能
水　土壤　植被　能源土壤　文脉

2. 活力培育 带动基地发展 Cultivating vitality

I. 活力注入
外来人员进入场地，参与活动，改造场地，修复环境，是基地自行运作的一个完整体系。
服务人员　改造人员　科研人员

II. 增加吸引力
据提升基地吸引力，吸引更多市民进入基地。增加基地人气，使基地焕发生机。
视觉形象　学习人员　参观人员
独特性　多样性

III. 焕发生命力
可达性　经济性
舒适性

工业遗产地的复兴

作品名称：城市棕地的转导修复——首钢工业区滨水地段城市设计　学生姓名：赵坤　浦晨霞　指导教师：姬凌云　任雪冰

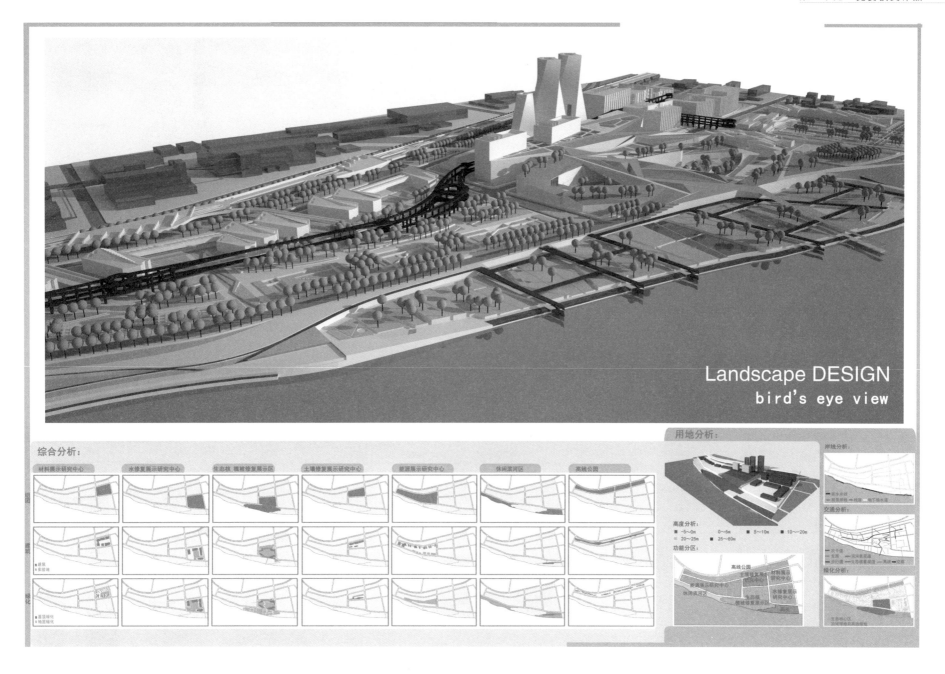

Landscape DESIGN
bird's eye view

用地分析:

综合分析:

材料展示研究中心 水修复展示研究中心 生态核 植被修复展示区 土壤修复展示研究中心 能源展示研究中心 休闲滨河区 高线公园

岸线分析:

高度分析:
0～5m 5～10m 10～20m
20～25m 25～80m

功能分区:

交通分析:

绿化分析:

工业遗产地的复兴

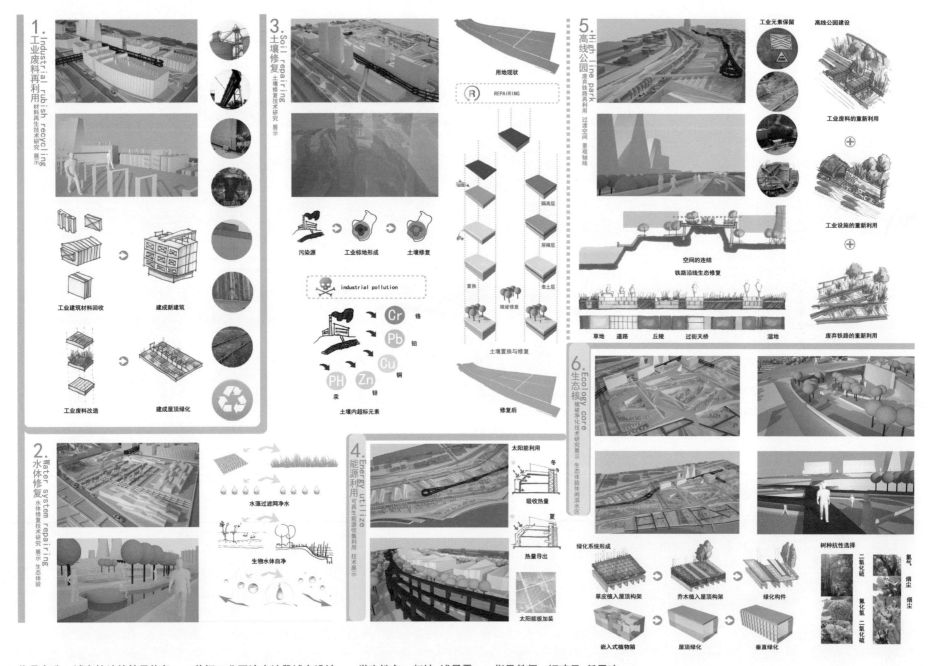

1. **Industrial rubish recycing** 工业废料再利用 材料再生技术研究 展示

工业建筑材料回收　建成新建筑
工业废料改造　建成屋顶绿化

2. **Water system repairing** 水体修复 水体修复技术研究 展示 生态体验

水藻过滤网净水
生物水体自净

3. **Soil repairing** 土壤修复 土壤修复技术研究 展示

污染源　工业棕地形成　土壤修复

industrial pollution

Cr 铬
Pb 铅
Cu 铜
PH 汞
Zn 锌

土壤内超标元素

用地现状

REPAIRING

隔离层
屏障层
表土层
置换　植被修复

土壤置换与修复　　修复后

4. **Energy utilize** 能源利用 可再生能源收集利用 技术展示

太阳能利用
吸收热量
冬　夏
热量导出
太阳能板加ום

5. **High line park** 高线公园 废弃铁路再利用 过渡空间 景观轴线

工业元素保留　高线公园建设
工业废料的重新利用
工业设施的重新利用

空间的连结
铁路沿线生态修复

草地　道路　丘陵　过街天桥　湿地

废弃铁路的重新利用

6. **Ecology core** 生态核 植城净化技术研究展示 生态体验休闲滨水区

绿化系统形成
草皮植入屋顶构架　乔木植入屋顶构架　绿化构件
嵌入式植物箱　屋顶绿化　垂直绿化

树种抗性选择
氯气 烟尘 烟尘
氧化氢 二氧化碳
二氧化碳

工业遗产地的复兴

作品名称：城市棕地的转导修复——首钢工业区滨水地段城市设计　　学生姓名：赵坤 浦晨霞　　指导教师：姬凌云 任雪冰

概念提出（Concept）

几个想法

想法一：在建筑的上部打通一条贯穿的通道，使步行和自行车能够顺畅地到达每栋建筑，把机动车留在一层，使之与二层隔绝，避免紧急疏散时候的相互干扰。

想法二：建筑与建筑之间是围合式的规整布局，将道路做成笔直的，避免疏散时产生"见空就钻"的混乱现象。

想法三：设立一条绿化轴，结合生态把它做成景观轴、生态轴、步行轴和疏导风暴潮的导风轴。危难时刻起到一定的减灾作用。

想法四：建筑底部和围合的广场底部剖空，并有通道形成一片，这里是避难场所，上层和地面则可以是购物、休憩等场所。

安全 "2+1"

针对城市的诸多安全问题，以及上面讨论到的各种解决途径，现提出城市中心区的一种安全模式——"2+1"模式，即地下一层、地面一层和建筑二层三个空间层面的疏散概念。

广度："2+1"模式适用的范围是城市密集区、中心区、高容积率区域等复杂的环境。

深度："2+1"模式解决的问题主要包括地震、洪水、战争等紧急时刻的疏散与避难，能够有效地将生命转移到安全区域。

意义：做好城市中心区安全疏散，保证人民生命财产安全，将大灾大难时刻的损失降到最小限度，促进城市高效发展。

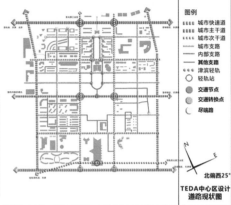

图例

TEDA中心区设计
道路现状图

北偏西25°

基于几个想法下的构思草图与草模

城市中心区安全 "2+1" 模式

安全 "2+1"

总述
针对诸多城市安全问题，方案提出安全 "2+1" 的城市模型；以期解决地震、战争、洪水等灾难的紧急疏散与急救。这里的安全 "2+1" 模型不但可以形成独特的城市空间环境，还可以结合生态、节能、安全等诸多城市新兴理念。

"2+1" 之 "2"
方案考虑在一层商业的基础之上，开发地下二层商业，并在人行道路一侧形成视觉共享，让地下一层与地上一层的商业形成完整的立面，让疏散时与机动车相交的只可能是人。所以，姑且把"地下一层商业"与"地上一层商业"两个空间概括为"2"。

"2+1" 之 "1"
方案为了使城市各功能联系更紧密，人的活动空间更独立，更充分。方案把二层整体架空，把人行和自行车提升到二层，结合生态绿化坡形成安全疏散通道串联的公共空间，此所谓"1"，与上面提到的"2"形成两个疏散方向，互不干扰。

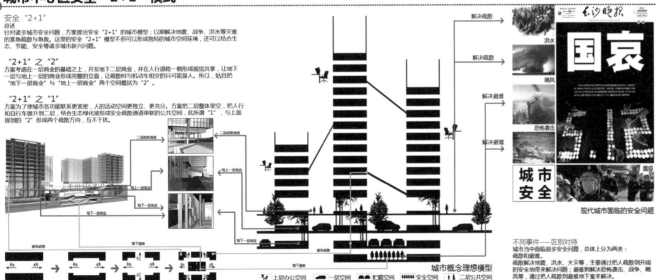

城市概念理想模型

◆上层办公空间 ◆一层空间 ◆贮藏空间 ◆安全空间 ◆二层公共空间

解决疏散
解决疏散
解决避难
解决避难

现代城市面临的安全问题

不同事件——区别对待
城市当中面临很多安全问题，总体上分为两类：疏散和避难。
疏散解决地震、洪水、火灾等，主要通过把人疏散到开阔的安全地带来解决问题；避难则解决恐怖袭击、战争、飓风等，通过把人疏散到避难地下室来解决。

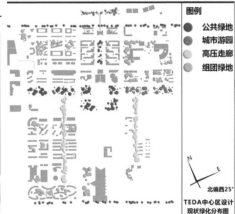

图例
● 公共绿地
● 城市游园
○ 高压走廊
● 组团绿地

TEDA中心区设计
现状绿化分布图

北偏西25°

中心区城市设计

作品名称：居安思危——基于"2+1"模式下的城市中心区设计　　学生姓名：高翔　　指导教师：任雪冰 姬凌云

东北方向上空鸟瞰

节点平面　建筑与安全疏散道　节点平面　生态绿轴与步行道　节点平面　市民广场与桥　节点平面

节点透视　节点透视　节点透视　节点透视

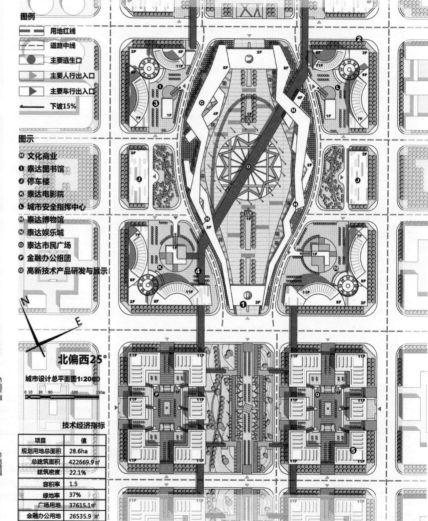

图例
- 用地红线
- 道路中线
- 主要逃生口
- 主要人行出入口
- 主要车行出入口
- 下坡15%

图示
- H 文化商业
- I 泰达图书馆
- J 停车楼
- K 泰达电影院
- L 城市安全指挥中心
- M 泰达博物馆
- N 泰达娱乐城
- O 泰达市民广场
- P 金融办公组团
- Q 高新技术产品研发与展示

北偏西25°

城市设计总平面图1:2000

0 10 30 50　　100　　150m

技术经济指标

项目	值
规划用地总面积	28.6ha
总建筑面积	422669.9 m²
建筑密度	22.1%
容积率	1.5
绿地率	37%
广场用地	37615.1 m²
金融办公用地	26535.9 m²

中心区城市设计

街角透视

屋顶绿化
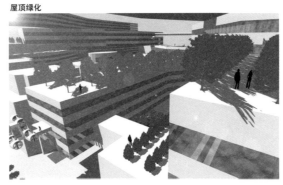

中心下沉广场

地段现状分析

功能分区分析：

功能分区以中心南北轴线为基础，向东西北展开布置不同性质的用地，布局合理。

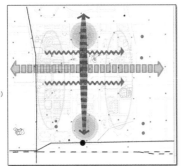

- 主要轴线（商业轴）
- 商业街
- 绿轴
- 居住区
- 节点

景观分析：

地块景观以东西、南北两条轴线为主，景观中心位于两条轴线相交处，有很好的中心性，但草地景观单调。

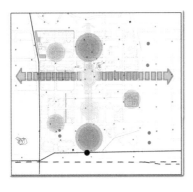

- 景观视廊
- 绿轴
- 公共绿地
- 地标建筑
- 组团绿地
- 开敞空间

交通分析：

地段的南端是轻轨站，是影响规划设计的重要因素，现状中轻轨站与公交始发站联系紧密，但有住宅距离该轻轨站太近，对居住环境有不良的影响。

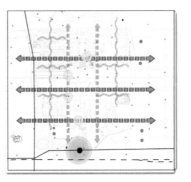

- 城市主干路
- 城市次干路
- 支路、宅间路
- 城铁换乘站
- 公交站点

建筑密度：

地段的建筑由于功能性质的合理划分，使得建筑高度、密度都有秩序的展开，呈中轴对称的密度分布，整体性强，建设中的建筑应符合整体的要求，不能仅考虑自身的情况。

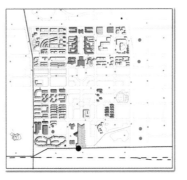

- 低（<7F）
- 中（7-15F）
- 高（>15F）

屋顶集会活动广场
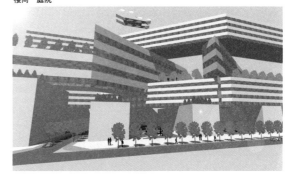

楼间"庭院"

作品名称： 巴别塔的倒下——天津经济技术开发区中心商务区城市设计　　**学生姓名：** 谭虎　任思远　　**指导教师：** 梁玮男　李婧

中心区城市设计

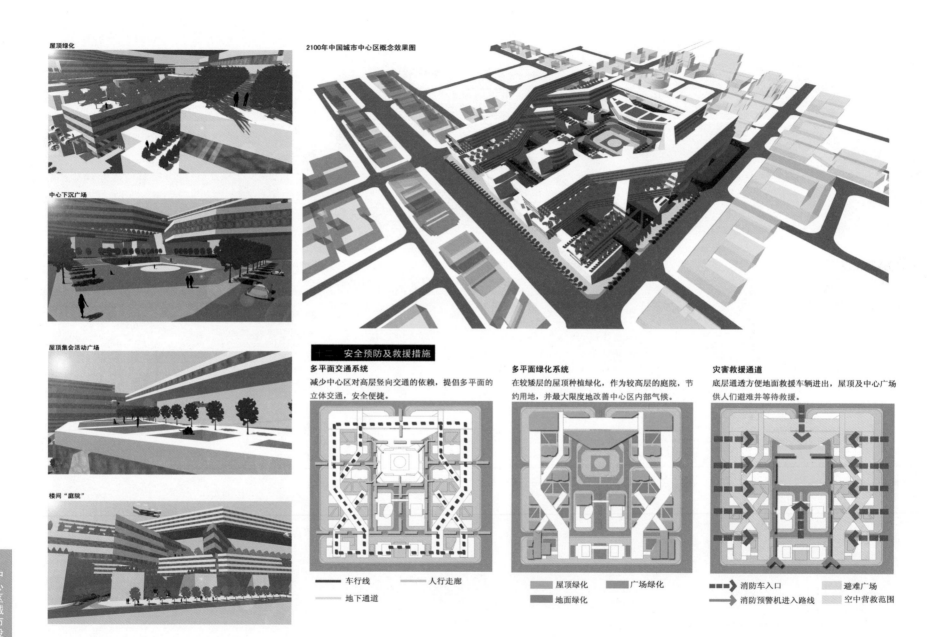

屋顶绿化

中心下沉广场

屋顶集会活动广场

楼间"庭院"

2100年中国城市中心区概念效果图

十二 安全预防及救援措施

多平面交通系统

减少中心区对高层竖向交通的依赖，提倡多平面的立体交通，安全便捷。

多平面绿化系统

在较矮层的屋顶种植绿化，作为较高层的庭院，节约用地，并最大限度地改善中心区内部气候。

灾害救援通道

底层通透方便地面救援车辆进出，屋顶及中心广场供人们避难并等待救援。

车行线　　人行走廊
地下通道

屋顶绿化　　广场绿化
地面绿化

消防车入口　　避难广场
消防预警机进入路线　　空中营救范围

作品名称：巴别塔的倒下——天津经济技术开发区商务区中心城市设计　　学生姓名：谭虎 任思远　　指导教师：梁玮男 李婧

中心区城市设计

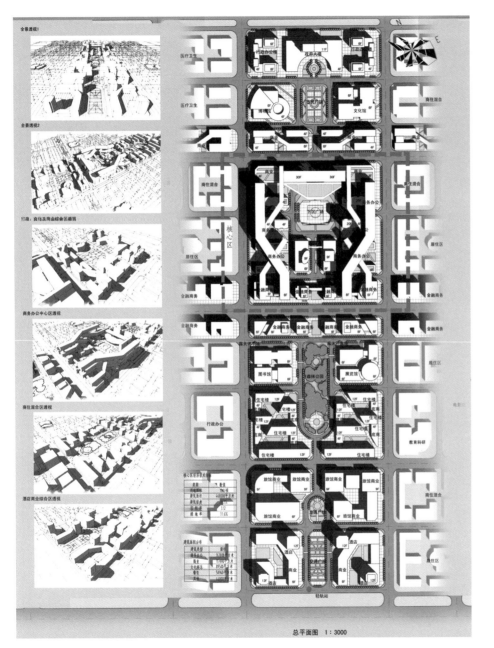

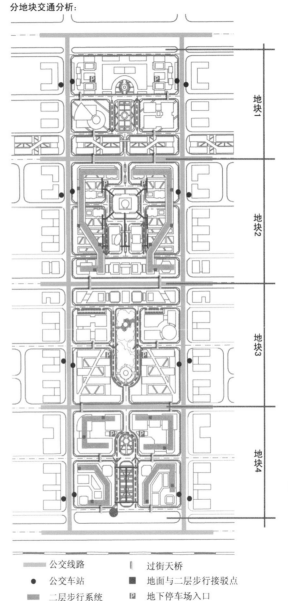

分地块交通分析：

地块1交通分析

将行政办公楼布置在靠近快速路的独立地段，提升了外省市政府部门办公的效率，并减少了外来车辆对中心区交通的压力。

地块2交通分析

密集的支路，方便地面车行，地下和二层的步行系统使得行人更安全，带形建筑联系了地块内所有的办公建筑，提供了安全方便的活动环境。

地块3交通分析

该地块有一个商住混合、道路规划强调小区域内的功能分区，减少各类车辆之间的通行干扰。

地块4交通分析

该地块包含轻轨站，人流密集，车速较慢，运用立体交通系统，保证人流车流的通行顺畅。

中心区城市设计

空间规划及现状 — 现状SWOT分析

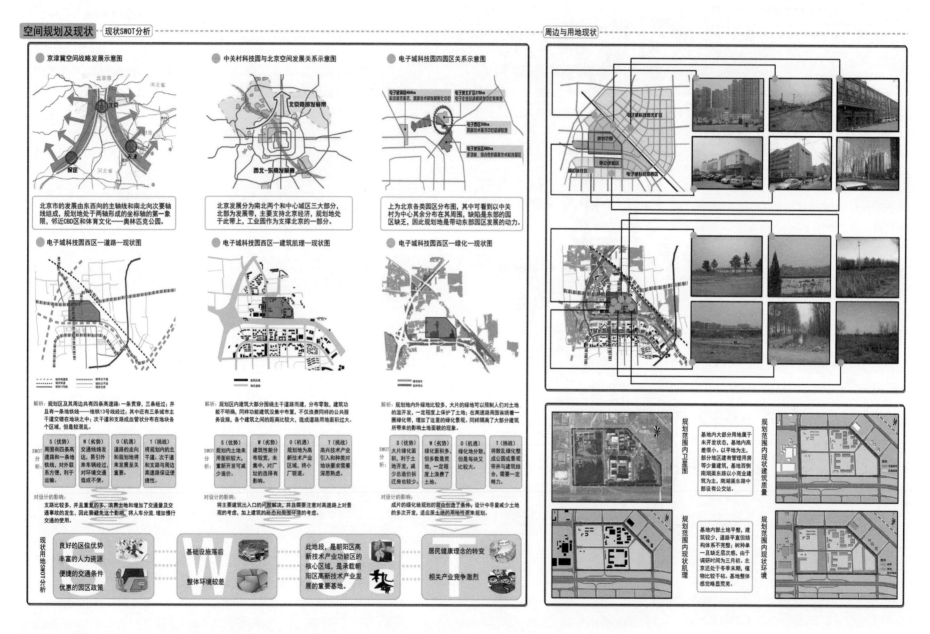

周边与用地现状

京津冀空间战略发展示意图

北京市的发展由东西向的主轴线和南北向次要轴线组成，规划地处于两轴形成的坐标轴的第一象限，邻近CBD区和体育文化——奥林匹克公园。

中关村科技园与北京空间发展关系示意图

北京发展分为南北两个和中心城区三大部分，北部为发展带，主要支持北京经济，规划地处于此带上，工业园作为支撑北京的一部分。

电子城科技园四园区关系示意图

上为北京各类园区分布图，其中可看到以中关村为中心其余分布在其周围，缺陷是东部的园区缺乏，因此规划地是带动东部园区发展的动力。

电子城科技园西区—道路—现状图

解析：规划区及其周边共有四条高速路，一条贯穿，三条经过，并且有一条地铁线——地铁13号线经过；其中还有三条城市主干道交错在地块上；次干道和支路成血管状分布在地块各个区域，用地是较混乱。

SWOT分析：
S（优势）周围有四条高速路和一条地铁线，对外联系方便，易引外来车辆经过，对环境交通造成不便。

W（劣势）道路线缠发达，易引外来车辆经过，对环境造成不便。

O（机遇）将规划内的主干道、次干道和支路与周边高速路保证便捷性。

T（挑战）将规划内的主干道、次干道和支路与周边高速路保证便捷性。

对设计的影响：支路比较多，并且重复的多，浪费土地和增加了交通量及交通事故的发生，因此要避免这个影响，人车分流。增加慢行交通的使用。

电子城科技园西区—建筑肌理—现状图

解析：规划区内建筑大部分围绕主干道而建，分布零散，建筑功能不明确，同样能建筑集中布置，不仅浪费同样的公共服务设施，各个建筑之间的距离比较大，造成道路用地面积过大。

SWOT分析：
S（优势）规划区内未用用面积较大，重新开发可减少造价。

W（劣势）建筑性能分布较宽，太集中，对厂址的选择有影响。

O（机遇）规划地为高新技术产业区域，将成为厂房搬迁。

T（挑战）将集中绿化整合成公园或景观带并与建筑结合，需要一定精力。

对设计的影响：将主要建筑出入口的问题解决，并且需要注意对高速路上对景观的考虑，加上建筑的形态和周围环境的考虑。

电子城科技园西区—绿化—现状图

解析：规划地内外绿地比较少，大片的绿地可以限制人们对土地的温开发，一定程度上保护了土地；在高速路周围绕着一圈绿化带，增加了这里的绿化景态。同样隔离了大部分建筑所带来的影响地面面貌的现象。

SWOT分析：
S（优势）大片绿化面积，利于土地开发。

W（劣势）绿化面积分布较散，一定程度上浪费了土地。

O（机遇）绿化地分散，但是每块面积比较大。

T（挑战）将整片绿化整合成公园或景观带并与建筑结合，需要一定精力。

对设计的影响：成片的绿化给规划的自由创造了条件，设计中尽量减少土地的多次开发，适应原土地的用地性质来规划。

现状用地SWOT分析：
- S：良好的区位优势、丰富的人力资源、便捷的交通条件、优惠的园区政策
- W：基础设施落后、整体环境较差
- O：此地段，是朝阳区高新技术产业功能区的核心区域，是承载朝阳区高新技术产业发展的重要环境
- T：居民健康理念的转变、相关产业竞争激烈

规划范围内卫星图

规划范围内现状建筑质量
基地内部分用地属于未开发状态。基地内高差相差小。以平整地为主，部分用地建有管理用房等少量建筑，基地西侧南湖渠东路以小商业建筑为主，南湖渠东中部设有公交站。

规划范围内现状肌理

规划范围内现状环境
基地内部土地平整，建筑较少，道路平面结构缺乏层次感，一旦缺乏层次感，树种单一层次少。由于调研时间为三月初，北京还处于冬季末期，植物比较干枯。基地整体感觉略显差。

作品名称：健康·回归——北京市中关村电子城科技园西区城市设计　　学生姓名：李帅　梁倩　　指导教师：梁玮男　任雪冰　姬凌云

中心区城市设计

构想元素

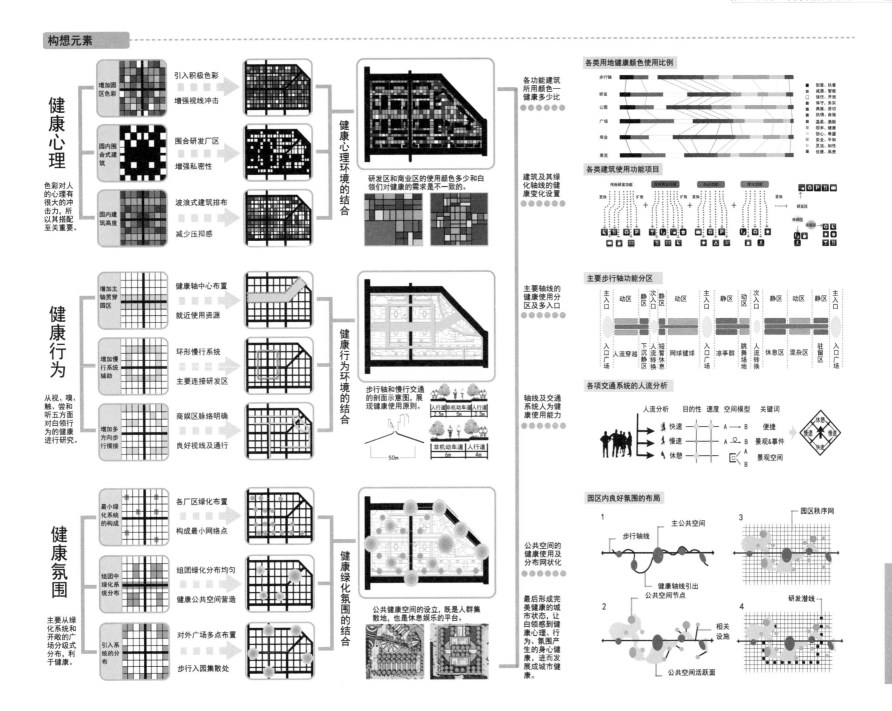

健康心理

色彩对人的心理有很大的冲击力，所以其搭配至关重要。

增加园区色彩 → 引入积极色彩 / 增强视线冲击

园内围合式建筑 → 围合研发厂区 / 增强私密性

园内建筑高度 → 波浪式建筑排布 / 减少压抑感

健康心理环境的结合

研发区和商业区的使用颜色多少和白领们对健康的需求是不一致的。

健康行为

从视、嗅、触、尝和听五方面对白领行为的健康进行研究。

增加主轴贯穿园区 → 健康轴中心布置 / 就近使用资源

增加慢行系统辅助 → 环形慢行系统 / 主要连接研发区

增加多方向步行搭接 → 商娱区脉络明确 / 良好视线及通行

健康行为环境的结合

步行轴和慢行交通的剖面示意图，展现健康使用原则。

人行道2.5m / 非机动车道5m / 人行道2.5m

非机动车道6m / 人行道4m

50m

健康氛围

主要从绿化系统和开敞的广场分级式分布，利于健康。

最小绿化系统的构成 → 各厂区绿化布置 / 构成最小网络点

组团中绿化系统分布 → 组团绿化分布均匀 / 健康公共空间营造

引入系统的分布 → 对外广场多点布置 / 步行入园集散处

健康绿化氛围的结合

公共健康空间的设立，既是人群集散地，也是休息娱乐的平台。

各功能建筑所用颜色一健康多少比 · · · · ·

建筑及其绿化轴线的健康变化设置 · · · · ·

主要轴线的健康使用分区及多入口 · · · · ·

轴线及交通系统人为健康使用能力 · · · · ·

公共空间的健康使用及分布网状化 · · · · ·

最后形成完美健康的城市状态，让白领感到健康心理、行为、氛围产生的身心健康，进而发展城市健康。

各类用地健康颜色使用比例

步行轴 / 研发 / 公园 / 广场 / 商业 / 展览

创意、执著 / 诚恳、智慧 / 信任、开放 / 保守、务实 / 典雅、亲切 / 热情、酒脱 / 坦率、自信 / 温馨、希望 / 安全、平和 / 灵活、知性 / 优雅、高贵

各类建筑使用功能项目

传统研发功能 / 传统商业功能 / 办公功能 / 绿化热轴

研发区 / 休闲区

主要步行轴功能分区

主入口 / 动区 / 静区 / 次入口 / 静区 / 动区 / 主入口 / 静区 / 动区 / 次入口 / 静区 / 动区 / 静区 / 主入口

入口广场 / 人流穿越 / 下沉静区休息 / 短智休息 / 网球健身 / 入口广场 / 凉亭群 / 跳舞场地 / 人流静转换 / 休息静区 / 混杂区 / 驻留区 / 入口广场

各项交通系统的人流分析

人流分析 / 目的性 / 速度 / 空间模型 / 关键词

快速 / A → B / 便捷

慢速 / A → B / 景观&事件

休憩 / A B / 景观空间

园区内良好氛围的布局

1 步行轴线 / 主公共空间 / 健康轴线引出 / 公共空间节点

2 公共空间活跃面

3 园区秩序网 / 研发潜线

4 相关设施

结构分析图　　　　　　功能分区图　　　　　　交通流线图

景观节点图　　　　　　图底关系　　　　　　建筑高度分析图

立面及透视效果图

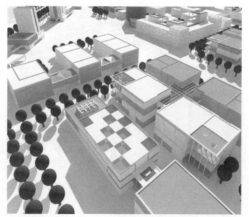

规划分析图

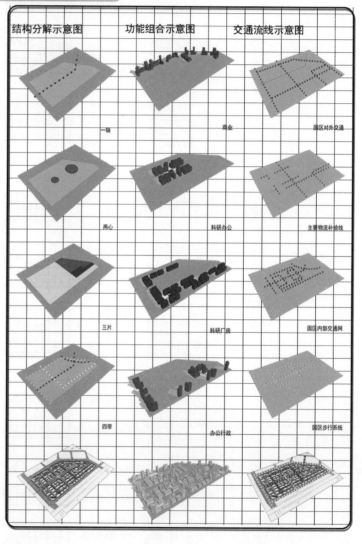

结构分解示意图　　　功能组合示意图　　　交通流线示意图

一轴　　　　　　商业　　　　　　园区对外交通

两心　　　　　　科研办公　　　　主要物流补给线

三片　　　　　　科研厂房　　　　园区内部交通网

四带　　　　　　办公行政　　　　园区步行系统

作品名称：健康·回归——北京市中关村电子城科技园西区城市设计　　　学生姓名：李帅 梁倩　　　指导教师：梁玮男 任雪冰 姬凌云

建筑色彩分析

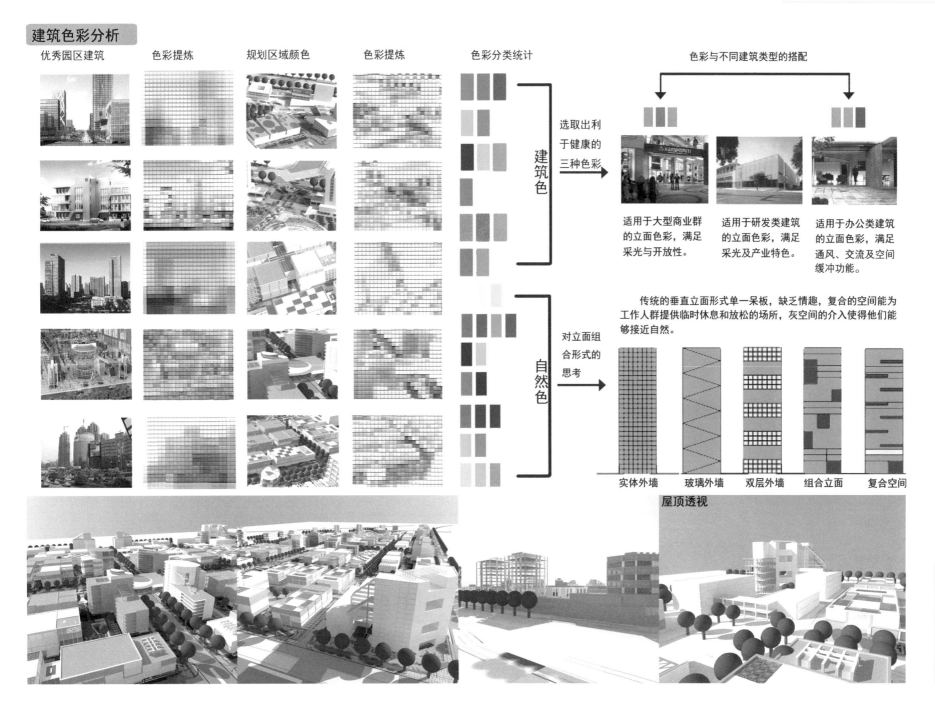

优秀园区建筑 色彩提炼 规划区域颜色 色彩提炼 色彩分类统计

色彩与不同建筑类型的搭配

建筑色

选取出利于健康的三种色彩

适用于大型商业群的立面色彩，满足采光与开放性。

适用于研发类建筑的立面色彩，满足采光及产业特色。

适用于办公类建筑的立面色彩，满足通风、交流及空间缓冲功能。

自然色

对立面组合形式的思考

传统的垂直立面形式单一呆板，缺乏情趣，复合的空间能为工作人群提供临时休息和放松的场所，灰空间的介入使得他们能够接近自然。

实体外墙 玻璃外墙 双层外墙 组合立面 复合空间

屋顶透视

中心区城市设计

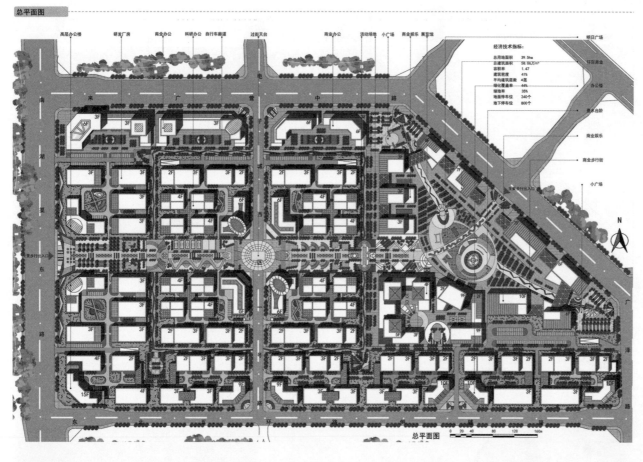

总平面图

经济技术指标：
总用地面积　39.5ha
总建筑面积　58.06万m²
容积率　1.47
建筑密度　41%
平均建筑层数　4层
绿化覆盖率　44%
绿地率　35%
地面停车位　240个
地下停车位　800个

总平面图

0　20　40　80　120　160m

重要节点分析

企业总部聚集点

明日广场——人流聚集点

立面与功能示意图

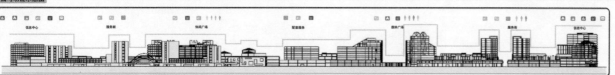

作品名称：健康·回归——北京市中关村电子城科技园西区城市设计　　学生姓名：李帅　梁倩　　指导教师：梁玮男　任雪冰　姬凌云

商业场景策划

[1]剧场式场景

[2]街道式场景

[1] 剧场式场景

建筑要素围绕一个或多个核心布局，每一处场景都能自然地引发另一处场景，界面变化连续，界面复合，具有突出的视觉导向，如同电影镜头的切换。

[2] 街道式场景

强调线性空间的主次性与秩序性。强调小尺度空间的情调、情趣。主街与次街在功能上协调配合，形成完整的开放步行街的空间格局。

[3] 切换式场景

关注若干场景之间的转化，场景配合功能分区，交换的功能被弱化，精神体验与愉悦享受得到强调。

城市空间营造

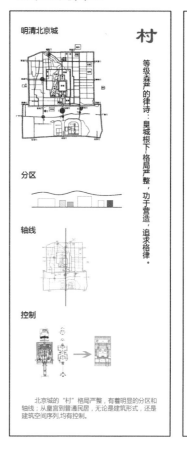

明清北京城

村

等级森严的律诗：皇城根下格局严整，功于营造，追求格律。

分区

轴线

控制

北京城的"村"格局严整，有着明显的分区和轴线；从皇宫到普通民居，无论是建筑形式，还是建筑空间序列，均有控制。

明清城市肌理

街

大众生活美学的一面镜子。

直为街，曲为巷；
大者为街，小者为巷。

街巷空间组织

A　B
水巷

D　E
水巷

F
巷

建筑
铺装
水面

街-记录了时代的风华。
巷-街市之外的清幽。
北京传统的街巷空间呈"鱼骨状"，基地临水，可将水系引入，创造出更丰富的街巷空间。

作品名称："在水之湄"——通州运河核心区商业文化空间再造　学生姓名：杨东 李业龙　指导教师：梁玮男 李婧 任雪冰 姬凌云

中心区城市设计

总平面图

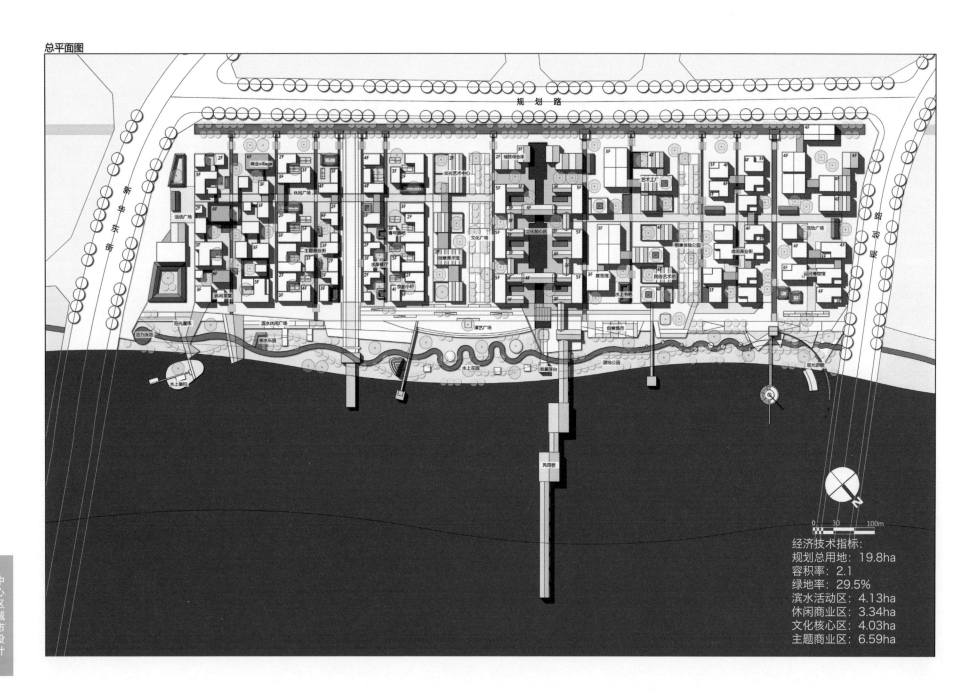

规 划 路

新华东街

规划路

经济技术指标：
规划总用地：19.8ha
容积率：2.1
绿地率：29.5%
滨水活动区：4.13ha
休闲商业区：3.34ha
文化核心区：4.03ha
主题商业区：6.59ha

0 30 100m

中心区城市设计

空间元素分析

村，各个建筑之间的形式和功能上相互联系，和谐共存，共同构成一个有机体。

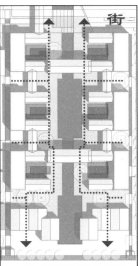

街，构建街道式的商业场景，结合小尺度空间形成开放步行街的空间格局。

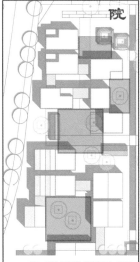

院，通过建筑或廊围合成不同大小的院落空间，结合街巷，构成丰富的空间序列。

园，结合水巷和院落构建园林，提供休憩的场所。或是屋顶花园，形成非正式交流空间。

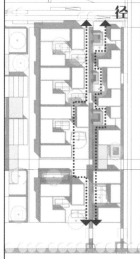

径，依托院落空间，设置曲折的步行流线，给人以"柳暗花明又一村"的空间意向。

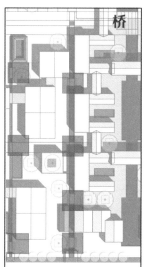

桥，通过桥来联系被割裂的水巷两侧空间，同时桥又给人以更多的空间遐想。

空间元素分层分析

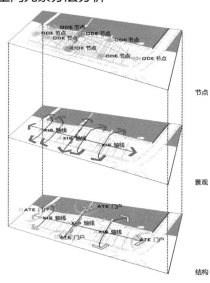

节点

景观

结构

规划分析

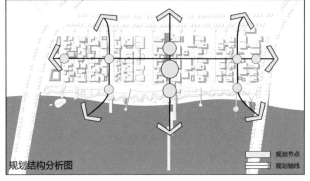

规划结构分析图

规划节点
规划轴线

空间结构延续老北京"鱼骨状"传统的结构形式，建立起运河与基地、与通州古城的联系，使运河核心区成为通州的"生活阳台"。

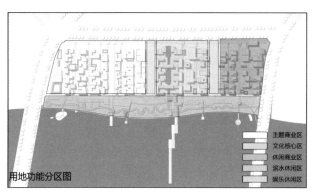

用地功能分区图

主题商业区
文化核心区
休闲商业区
滨水休闲区
娱乐休闲区

运河核心区主要的用地功能分区分为主题商业区、文化核心区、休闲商业区、滨水休闲区、娱乐休闲区。

中心区城市设计

鸟瞰图

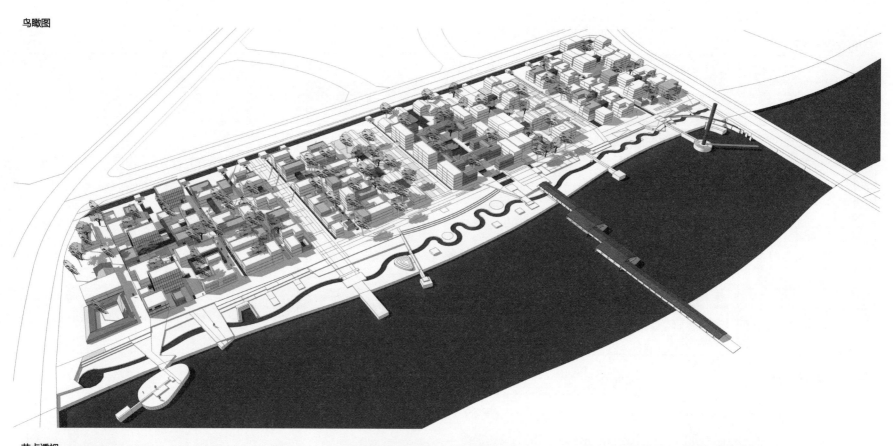

节点透视

人与自然的关系应该是和谐的关系。尽管人的行为活动会对自然环境进行一些破坏，但是在一定程度下自然环境具有自我修复的能力，所以我们不需要修建许多的路，每个人都很明确自己脚下的路，我们应该自由地在绿地上游憩，就像在乡村原野上奔跑，这是大自然给予人们的快乐，不应被剥夺。

Ecological

生态网络/自然/涵养

生态廊道
基质绿地
斑块绿地
休憩绿地
生态廊道

绿地公园

保龄球馆
电影院
办公大楼
大型商场
集会广场
摇滚音乐俱乐部

文化广场

WORK NET

工作网络/办公/商业/集会

工作网络构架在城市的中层，普遍在三层的构架体系中。这里承载着城市的繁华与热闹。这里分布着餐饮、休闲、购物、电影城、KTV等类似业态，人们在这里宣泄着内心的情绪，这里将聚集着办公的人、做生意的人、感受城市的人。这里作为动态的网络，包含着物联网，各种曾经深埋于地下的各种管道网络。

CLOUD WEB

云网络/交流/贸易/互动

网络虚拟世界与现实世界融合，形象思维与逻辑思维的融合，使用过程中需要云计算（"大脑"）作为一个平台。

数据库

云大脑

云网络

LIVE NET

生活网络/艺术/展览/游憩

艺术博物馆
水疗康体酒店
露天剧场
拍卖会展
绘画长廊
运动公园
艺术广场

生活网在城市的地面层，与生态网络相交织，极力分流人群，塑造一个安静、轻松、悠闲、静谧的慢生活城市，城市的人民在这个网络里欣赏艺术品、欣赏歌剧、欣赏蓝天绿地、欣赏鸟语花香、聆听阵阵书声，浑然忘记都市的喧嚣。

作品名称：安新县白洋淀科技新城城市设计——基于城镇体系为背景的新型小城镇嵌入式规划研究　　**学生姓名：**孙士玺　王秀凤　　**指导教师：**李婧

中心区城市设计

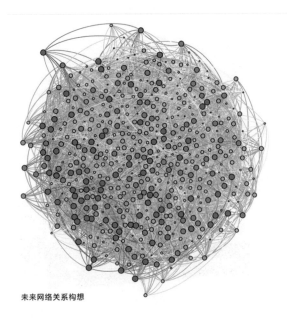

未来网络关系构想

\ 如果城市间的关系如此复杂，
什么样的城市规划才能梳理清楚，
——这混乱的秩序？

伴随着人类的发展，城市规划也进行着演变。城市规划思想先后经历了田园城市、光明城市、广亩城市等；如今科技发展日新月异，旧的发展模式将不能满足城市新的需求。

"无形"的城市将是一种发展趋势。城市化不需要所有人都是城里人，中国北方的规划不能所有人都是北京人。非农人口不应再作为城市化的指标。大城市有大城市的功能作用，但并不是只有高人口密度才有高产值。人口密度远远比不上网络密度、数字密度。如果把大城市比作一个核心，无数的乡村城市就是无数的点，曾经这些小节点不能图离核心太远。通过互联网、物联网、3D打印技术、智能系统，点与核心的距离将被放大，城市将变得再无边界。随着科技的巨变，城市必将不再是曾经的形态。

/ 数据改变认识——无处不在的大数据

现在我们已经从IT时代发展到了DT时代，即从信息技术发展到数据技术。我更看重DT，DT的未来是一个以数据为基础的时代，信息技术已经不再成为问题，**数据成为基础与核心**。我们现在说规划行业互联网+，规划行业和互联网是有一定距离的，但是，用数据来增强规划设计却是我们可以立刻做的事情。

互联网——使得密度不再是问题，只要需要，哪里都可以有高密度的交流。
物流网——弱化了区位因素的影响力，超空间的实体交换不再困难。
大数据——使得城市变的智能化、信息化。
3D打印技术——制造空间的压缩，将替代工厂的存在，满足无限的个性化需求。
智慧能源系统——使得能源的获取、储存、使用不再受时空影响。

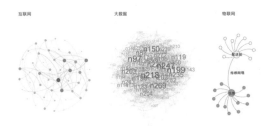

互联网　　　　　　大数据　　　　　　物流网

/ 科技新世界

人们通过互联网进行不考虑时空的信息交换，可以通过物流网进行超远距离的食物交易，可以通过大数据让所有的一切都变成数字在荧屏上跳动，简单的物品可以不通过物流网络运输，通过3D打印直接获取。

回过头来看世界，世界变得无限大，世界也变得无限小。人们出行的距离将可以无限大，且迅速；而人们的交流、联系将变得无限方便。人们将不喜欢高容积率的拥挤生活，居住、工作、休憩都可以在一个小圈子内部进行。人们将更多地走到户外，用身心去感受头顶的天空和足下的土地，多聆听人与人的故事和蝉虫的低语，情感和理智交替升华，人们将向往更有诗意的人性化场所。所有的乡村都将可以实现看得见山、望得见水、记得住乡愁的夙愿。宜居城市将成为城市建设的唯一主题。

\ 城镇发展新模式

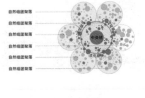

自然组团聚落
自然组团聚落
自然组团聚落
自然组团聚落
自然组团聚落

\嵌入式城市节点构想

新的城市发展模式，需要模块化的、嵌入式的规划改造，来取代曾经的大面积拆除、重建。空间网络一样是有生命的。随着人的活动，已成型的空间拥有自我修复的能力，拥有自我演替的能力。而无形城市的规划方式要做的只是触及点的置换，以引起城市空间的自我更新。点空间的置换可以形成新的的规划模式。模块化的嵌入式设计，加上规划师的空间系统构筑来降低周边环境的排异反应，从而达到自我融合，转化为促成城市发展质变反映的因子。

嵌入式节点结构：
植入新型的仓储空间——小而精简 点式分布；
物流港配送网——小而高效的物流处理能力，网+点的分布方式；
村镇交互平台（孵化器）——核的分布方式（地标型建筑）；
数据信息收集管理平台——网+核分布方式（由最佳辐射半径决定）；
模块化宜居空间——网分布形式（需求）；

实空间+虚空间
构成虚拟的淘宝村
广州市犀牛角村

实空间上，产业链在城市中反映出"点一轴"结构；村内形成快递、宽带等相关配套服务集聚；虚空间为电商提供交流信息平台，具有"微尺度"的特点。实空间是虚空间信息的基础，虚空间促进实空间上淘宝宝的集聚，淘宝村将合理利用起新型城镇化的要求，或作为城中村优化发展的新模式。

科技+生活+产业
构成生态智慧城
济南雪山生态智慧城

智慧城市建设的四个侧重方面：
1、以智慧城市建设作为提高城市创新能力和综合竞争实力的重要途径；
2、以智慧产业作为带动城市未来发展的主要助推力；
3、以智慧民生为重点，带动智慧城市建设；
4、以信息技术和城市信息化基础设施为路径来建设智慧城市。

生态+生活+自我修复
组合成长的低碳生态城
崇明岛东滩生态城

既能体现现代生活方式的优越，又能缓解这种生活方式所带来的影响；在两者之间达到最佳平衡。奥推纳相信，规划设计的过程和产物是人类社会、经济、环境、文化与政治生活之间的一种动态平衡。我们自创建的新型环境必须打破相应成习的传统，以另辟蹊径的独创方式进入人们的内心，在充满乡趣、令人满足的环境中自然地交流。

\ 快速更新的城市

眼前中国的城市发展正举步维艰。未来的城市规划如何设计？城市与乡村的巨大基础设施差距，使得目前的城市像一个拥有巨大引力的机器，大家都拥挤进来。而随着人口的增多，伴随着的是城市环境的恶化，人们开始抱怨，引发一连串的反应。汽车拥堵、空气恶劣，绿地资源紧缺，基础配套资源紧缺，生活变得艰苦。而财富的获取可以使得人们享受更好的城市资源，城市内部的竞争越加激化。而弹性的竞争，正在不断影响着城市的公正。中国有句古语叫"不患寡而患不均"，越来越多的人开始质疑社会的公正性，城市发展方向面临着更快抉择。

如今的中国城市普遍面临着城市产值如何快速增速的问题。城市产值一旦不能继续保持快速增速，将直接导致经济泡沫的爆破，一切将化成黄粱一梦。

现状基础资料调研

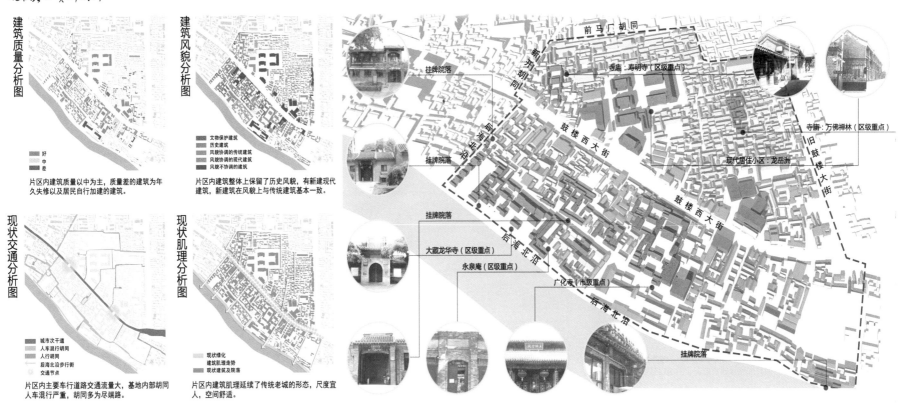

建筑质量分析图

- 好
- 中
- 差

片区内建筑质量以中为主，质量差的建筑为年久失修以及居民自行加建的建筑。

建筑风貌分析图

- 文物保护建筑
- 历史建筑
- 风貌协调的传统建筑
- 风貌协调的现代建筑
- 风貌不协调的建筑

片区内建筑整体上保留了历史风貌，有新建现代建筑，新建筑在风貌上与传统建筑基本一致。

现状交通分析图

- 城市次干道
- 人车混行胡同
- 人行胡同
- 后海北沿步行街
- 交通节点

片区内主要车行道路交通流量大，基地内部胡同人车混行严重，胡同多为尽端路。

现状肌理分析图

- 现状绿化
- 建筑肌理走势
- 现状建筑及院落

片区内建筑肌理延续了传统老城的形态，尺度宜人，空间舒适。

挂牌院落
寺庙：寿明寺（区级重点）
前马厂胡同
新开胡同
后海南沿
鼓楼西大街
寺庙：万佛禅林（区级重点）
现代居住小区：龙岳洲
旧鼓楼大街
挂牌院落
挂牌院落
大藏龙华寺（区级重点）
永泉庵（区级重点）
广化寺（市级重点）
后海北沿
挂牌院落

作品名称：感知城市 旧城里的视·听·嗅·味·触——什刹海历史街区更新规划　　学生姓名：刘璐 朱柳慧　　指导教师：李婧 姬凌云 梁玮男 任雪冰

构 方案构思·平面生成

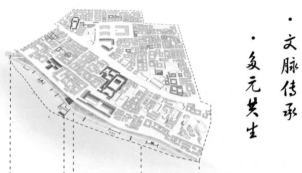

· 文脉传承
· 多元共生

首先，明确划定基地内部各类历史遗存以及现状质量好的现代建筑，将这些建筑作为活力点，对历史以及保护建筑进行保留，部分现代建筑进行功能置换，以活力建筑辐射影响周边，带动周边居住建筑的有序更新。

· 人脉趣生
· 社会融合

其次，梳理基地内部道路，形成内部车行、步行流线，沟通基地内部活力点位，组织基地内部道路体系，打通并加强基地与后海北沿的联系性，满足不同人群的使用需求。

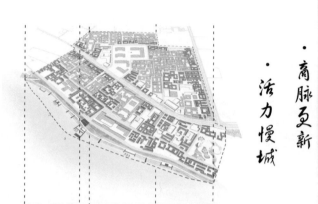

· 商脉更新
· 活力慢城

然后，围绕基地内部主要步行道路布置休闲、商业以及服务建筑，实现基地内相互支撑的良性发展模式。

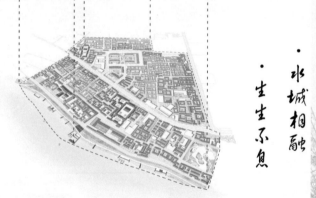

· 水城相融
· 生生不息

最后，对各功能片区在空间上建立联系，不同功能片区相互融合，进行区域的分期发展建设，形成区域的共同发展。

重点街巷设计

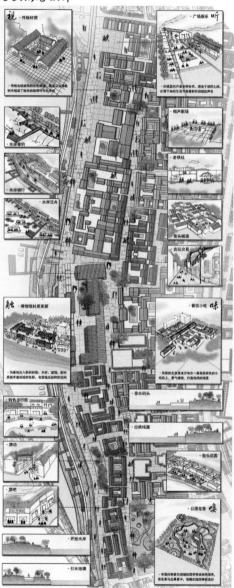

历史街区有机更新和城中村改造

规划分析

总平面图

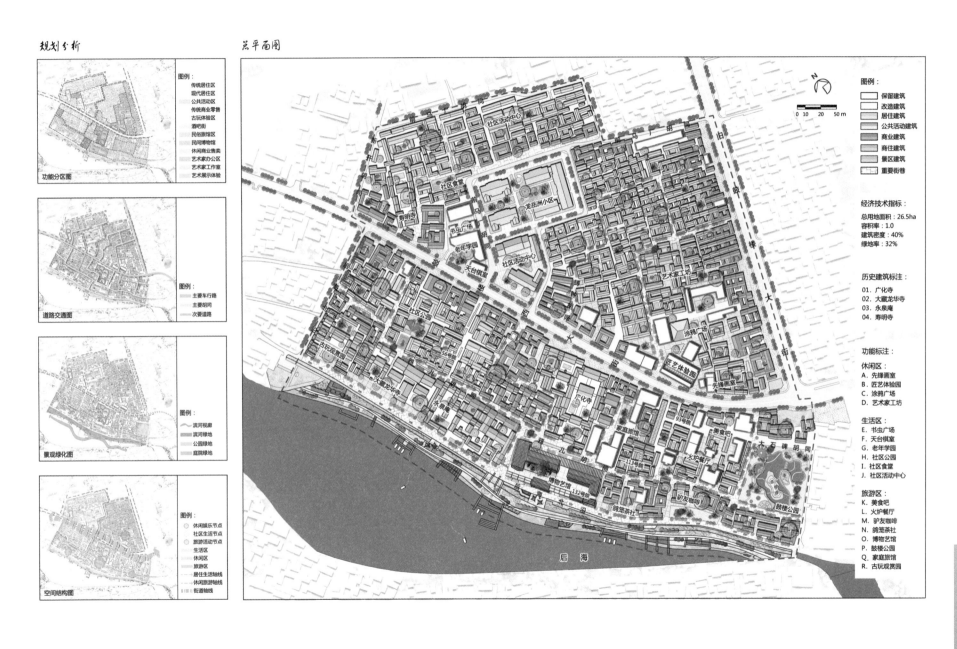

功能分区图

图例：
传统居住区
现代居住区
公共活动区
传统商业零售
古玩体验区
酒吧街
民俗旅馆区
民间博物馆
休闲商业售卖
艺术家办公区
艺术家工作室
艺术展示体验

道路交通图

图例：
主要车行路
主要胡同
次要道路

景观绿化图

图例：
滨河视廊
滨河绿地
公园绿地
庭院绿地

空间结构图

图例：
休闲娱乐节点
社区生活节点
旅游活动节点
生活区
休闲区
旅游区
居民生活轴线
休闲旅游轴线
街道轴线

图例：
保护建筑
改造建筑
居住建筑
公共活动建筑
商业建筑
商住建筑
景区建筑
重要街巷

0 10 20 50 m

经济技术指标：
总用地面积：26.5ha
容积率：1.0
建筑密度：40%
绿地率：32%

历史建筑标注：
01. 广化寺
02. 大藏龙华寺
03. 永泉庵
04. 寿明寺

功能标注：

休闲区：
A. 先锋画室
B. 匠艺体验园
C. 涂鸦广场
D. 艺术家工坊

生活区：
E. 书虫广场
F. 天台棋室
G. 老年学园
H. 社区公园
I. 社区食堂
J. 社区活动中心

旅游区：
K. 美食吧
L. 火炉餐厅
M. 驴友咖啡
N. 鸽笼茶社
O. 博物艺馆
P. 鼓楼公园
Q. 家庭旅馆
R. 古玩观赏园

后海

作品名称： 感知城市 旧城里的视·听·嗅·味·触——什刹海历史街区更新规划　　**学生姓名：** 刘璐 朱柳慧　　**指导教师：** 李婧 姬凌云 梁玮男 任雪冰

历史街区有机更新和城中村改造

鸟瞰图

视：是胡同里的槐荫回廊
听：是繁华闹事里的梆商
嗅：是河畔的一阵阵花香
味：是舌尖上的京味美食
触：是凝练历史的青砖墙

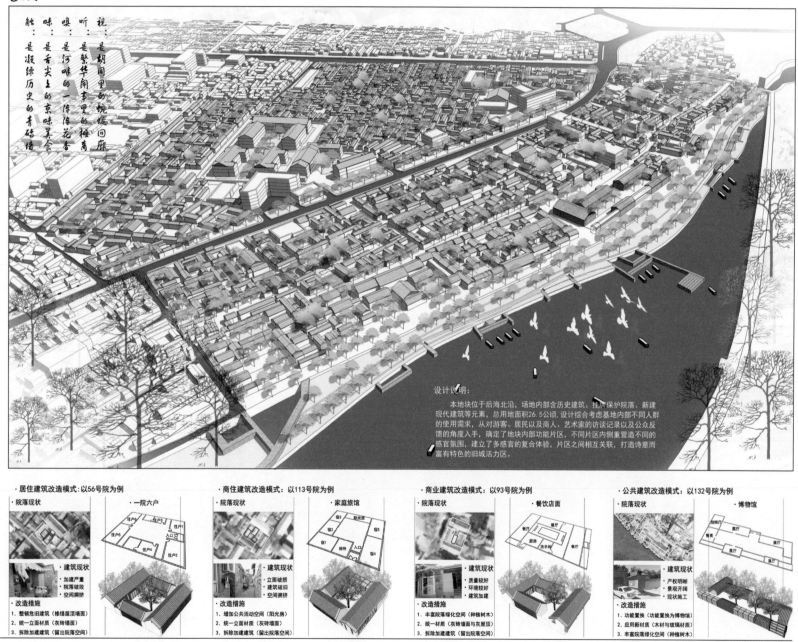

设计说明：
本地块位于后海北沿，场地内部含历史建筑、挂牌保护院落、新建现代建筑等元素，总用地面积26.5公顷，设计综合考虑基地内部不同人群的使用需求，从对游客、居民以及商人、艺术家的访谈记录以及公众反馈的角度入手，确定了地块内部功能片区，不同片区内侧重营造不同的感官氛围，建立了多感官的复合体验，片区之间相互关联，打造诗意而富有特色的旧城活力区。

·居住建筑改造模式：以56号院为例
·院落现状
·一院六户
·建筑现状
加建严重
院落破败
空间拥挤
·改造措施
1. 整顿危旧建筑（修缮屋顶墙面）
2. 统一立面材质（灰砖墙面）
3. 拆除加建建筑（留出院落空间）

·商住建筑改造模式：以113号院为例
·院落现状
·家庭旅馆
·建筑现状
立面破损
建筑破旧
空间拥挤
·改造措施
1. 增加公共活动空间（阳光房）
2. 统一立面材质（灰砖墙面）
3. 拆除加建建筑（留出院落空间）

·商业建筑改造模式：以93号院为例
·院落现状
·餐饮店面
·建筑现状
质量较好
环境较好
建筑加建
·改造措施
1. 丰富院落绿化空间（种植树木）
2. 统一材质（木材与玻璃材质）
3. 拆除加建建筑（留出院落空间）

·公共建筑改造模式：以132号院为例
·院落现状
·博物馆
·建筑现状
产权明晰
景观开阔
现状施工
·改造措施
1. 功能置换（功能置换为博物馆）
2. 应用新材质（木材与玻璃材质）
3. 丰富院落绿化空间（种植树木）

历史街区有机更新和城中村改造

现状分析

历史建筑分布图

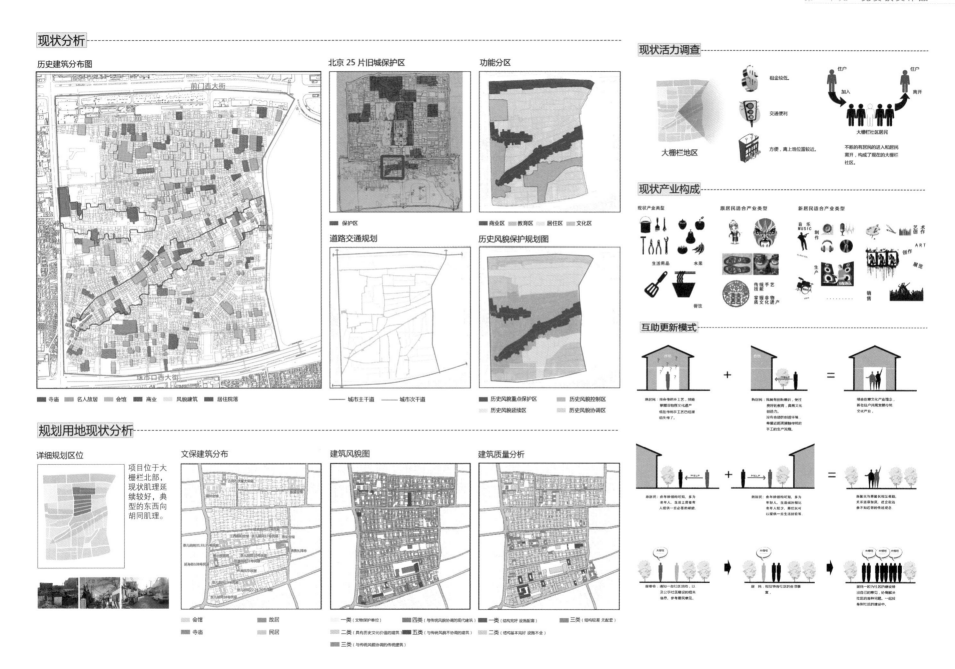

前门西大街

珠市口西大街

寺庙　名人故居　会馆　商业　风貌建筑　居住院落

规划用地现状分析

详细规划区位

项目位于大栅栏北部，现状肌理延续较好，典型的东西向胡同肌理。

文保建筑分布

会馆　故居
寺庙　民居

建筑风貌图

一类（文物保护单位）　　四类（与传统风貌协调的现代建筑）
二类（具有历史文化价值的建筑）　五类（与传统风貌不协调的建筑）
三类（与传统风貌协调的传统建筑）

建筑质量分析

一类（结构完好 设施配套）　三类（结构较差 无配套）
二类（结构基本完好 设施不全）

北京25片旧城保护区

保护区

道路交通规划

城市主干道　城市次干道

功能分区

商业区　教育区　居住区　文化区

历史风貌保护规划图

历史风貌重点保护区　历史风貌控制区
历史风貌延续区　历史风貌协调区

现状活力调查

大栅栏地区

租金较低。

交通便利

方便，离上班位置较近。

住户　　住户
加入　　离开

大栅栏社区居民

不断的有居民的进入和居民离开，构成了现在的大栅栏社区。

现状产业构成

现状产业类型　　　原居民适合产业类型　　　新居民适合产业类型

生活用品　水果　　　传统手艺技能　掌握非物质文化遗产

餐饮

音乐 MUSIC　制作

ART 创作 雕塑　销售

互助更新模式

原居民：继承传统手工艺，接触掌握非物质文化遗产，很好地保护手工艺，具有文化创造力。没有合适的创造环境，希望近距离接触传统的手工的生产流程。

新居民：拥有创新创造意识，受过很好的教育，具有文化创造力。

项目会创意文化产业理念，新老住户共同发展传统文化产业。

原居民：由年龄结构可知，多为老年人，生活上需要有人提供一定必要的照顾。

新居民：由年龄结构可知，多为青年人，生活阅历较浅，在照顾老年人时，也可以提供一些生活经验等。

都居住在同样长短的期限，其乐融融地生活，建立起更加深厚的传统观念。

居委会：通知一些社区活动，以及公示旧城改造的相关信息，参考居民意见。

居民：就旧城特色社区等问题宣传。

居民们一起为社区的建设提出自己的意见，协商解决社区的各种问题，一起参与到社区的建设中。

作品名称："Join and Enjoy"互助更新——大栅栏社区改造规划　　学生姓名：杨东 张译丹　　指导教师：于海漪 许方 任雪冰

历史街区有机更新和城中村改造

空间更新模式

[1]住宅

按照建筑结构和建筑质量对住宅进行改造或重建，并按照住户的不同需求对住宅进行户型设计。

保留
改造
新建
一个四合院范围

[2]住宅+商业

按照不同的商业功能需求以及住户的需求，合理对建筑功能分区。可以协商两户或多户用地进行整体改造或重建满足更多的商业空间需求。

住宅
体验区
商业区
一个四合院范围

[3]公共空间

四合院景观改造将结构不完整、破损严重的四合院进行景观改造，挖掘四合院遗迹中可利用的景观元素，运用现代景观设计手法进行景观改造。

建筑
景观改造
一个四合院范围

景观元素探索

传统文化　胡同 四合院　四合院遗迹

胡同口景观带

由于对胡同进行了产业的调整，胡同的人流将会增加，所以提供一个缓冲空间，将胡同口的四合院进行景观改造，每一个胡同口对应一个景观，不同胡同之间相互联系形成胡同口景观带。

景观改造区域
建筑

将胡同口处的四合院进行景观改造　　胡同口景观带　　设计意向

总结：

大栅栏社区的空间改造结合社区发展进行适当改造，结合不同用途建筑的空间改造形式进行改造或新建。空间的更新伴随着社区互助更新，主要以小规模更新，改造更新为主。

传统四合院　＋　新建筑　＝　平面图

＋　＝　立面图

＋　＝　鸟瞰图

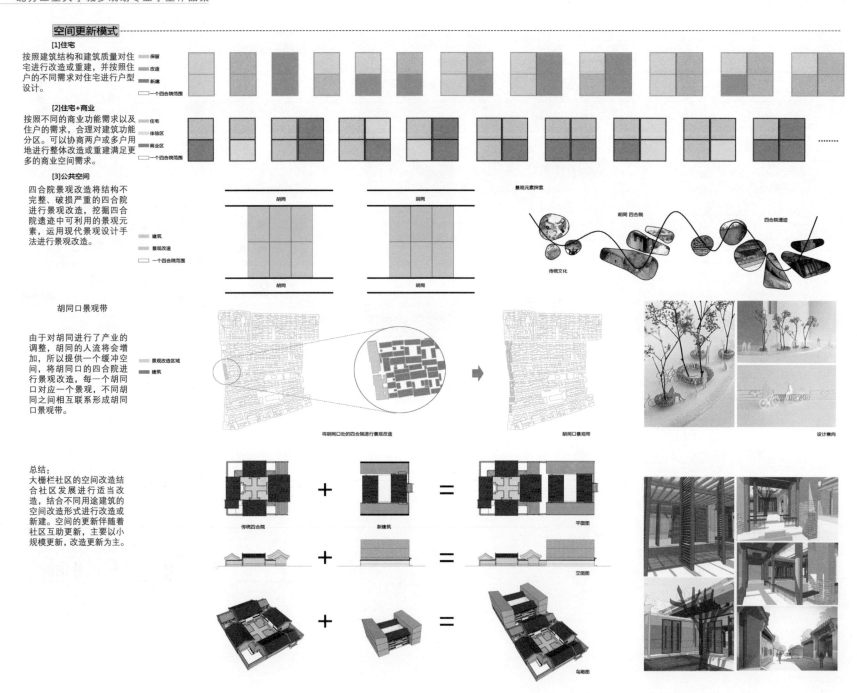

历史街区有机更新
和城中村改造

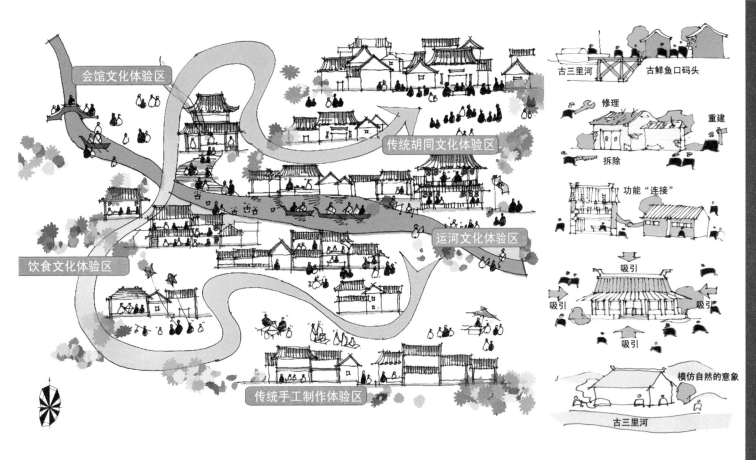

会馆文化体验区

传统胡同文化体验区

运河文化体验区

饮食文化体验区

传统手工制作体验区

古三里河　　古鲜鱼口码头

修理

拆除

重建

功能"连接"

吸引　　吸引　　吸引

模仿自然的意象

古三里河

通过恢复古三里河、古鲜鱼口码头的手法，为区域内创造良好的滨水休憩空间，重现滨水文化氛围，为区域复苏提供契机。

以旧城保护规范为基础，通过对胡同内进行修缮、改造和更新，进而植入配套功能，达到重现市井生活气息以及胡同文化的目的。

重聚当地传统手工业作坊，并采用"手工艺商店＋生产"模式，形成"作坊＋体验"新商业模式，进而形成新的传统手工艺经营模式，重现商贾文化。

通过对现存及恢复的文物会馆进行扩建和改造，以保护和恢复旧貌为基础和基本原则，从而塑造区域空间核心，达到重现会馆文化的目的。

以古画中自然与建筑穿插关系为意象，通过对活跃空间塑造，重塑场地内主要公共空间，并将其串联起来实现"一站式模式"，打造人与自然和谐统一的空间。

历史街区有机更新
和城中村改造

作品名称：文化涅槃——北京市鲜鱼口传统文化地区城市更新设计　　学生姓名：王鑫 贾钰涵　　指导教师：任雪冰 梁玮男 姬凌云 王珺

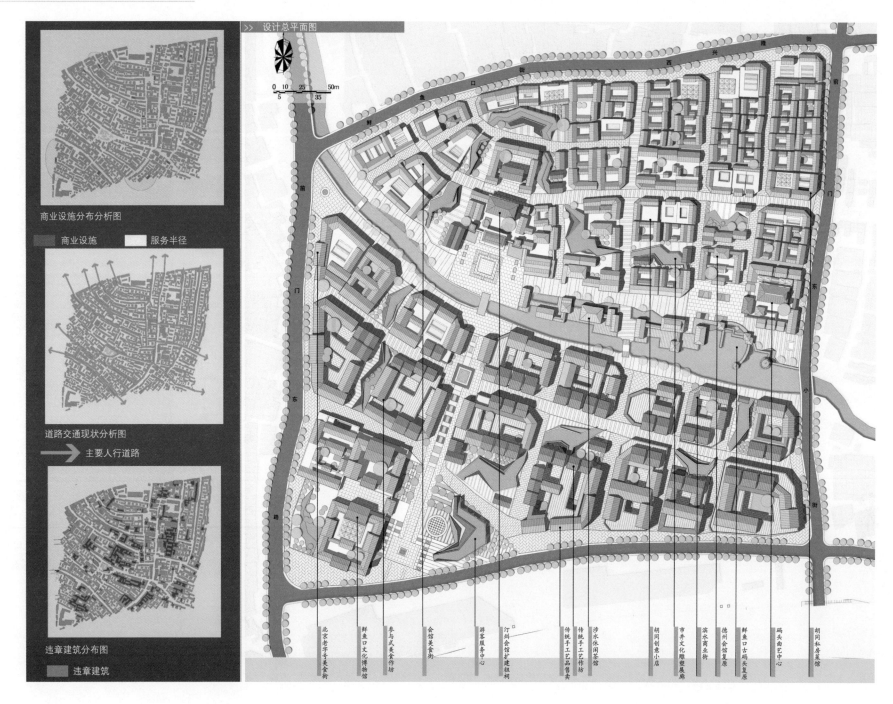

商业设施分布分析图

■ 商业设施　　□ 服务半径

道路交通现状分析图

➡ 主要人行道路

违章建筑分布图

■ 违章建筑

>> 设计总平面图

0 10 25 50m
5 35

鱼
口
街

鲜
鱼
口
街

前
门
东
路

西
兴
隆
街

前
门
东

小
街

北京老字号美食街

鲜鱼口文化博物馆

参与式美食作坊

会馆美食街

游客服务中心

汀州会馆护建祖祠

传统手工艺作坊

传统手工艺品售卖

涉水休闲茶馆

胡同创意小店

市井文化雕塑展廊

滨水商业街

德州会馆复原

鲜鱼口古码头复原

码头曲艺中心

胡同私房菜馆

历史街区有机更新
和城中村改造

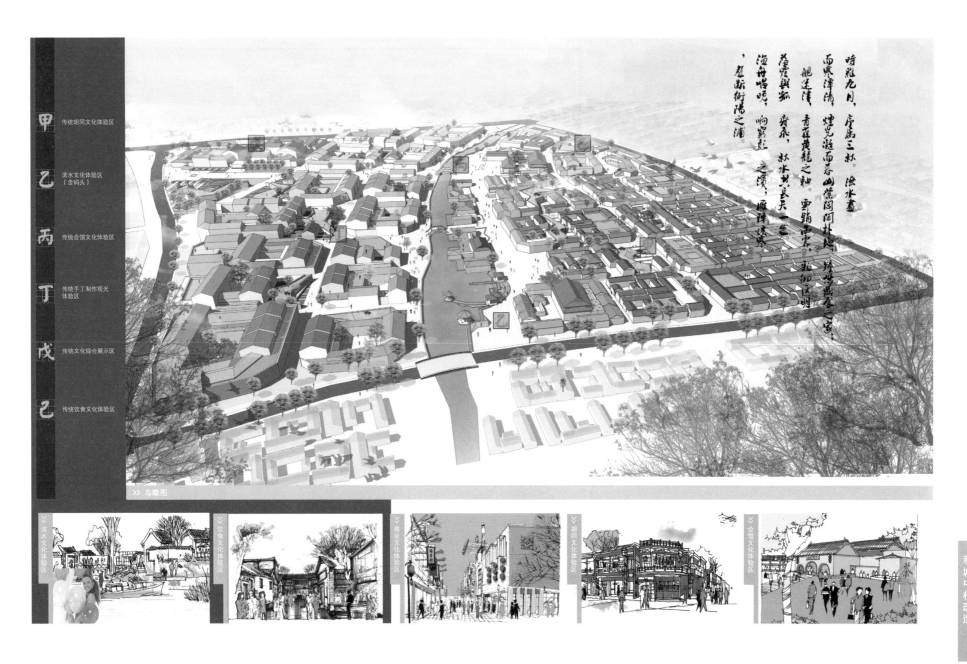

甲 传统胡同文化体验区

乙 滨水文化体验区（含码头）

丙 传统会馆文化体验区

丁 传统手工制作观光体验区

戊 传统文化综合展示区

己 传统饮食文化体验区

时维九月，序属三秋。滨水墓而寒泽清，烟光凝而暮山紫。阊阖扑地，钟鸣鼎食之家；舸送津，青雀黄龙之轴。云销雨霁，彩彻区明。落霞与孤鹜齐飞，秋水共长天一色。渔舟唱晚，响穷彭蠡之滨；雁阵惊寒，声断衡阳之浦。

>> 鸟瞰图

>> 滨水文化体验区

>> 饮食文化体验区

>> 商业文化体验区

>> 胡同文化体验区

>> 会馆文化体验区

历史街区有机更新和城中村改造

穿梭于水和建筑之间的滨水休闲带

更新位置

滨水地带以传统码头为核心，对旧时鲜鱼口地区打渔场景进行复苏，恢复区域活力，以休闲为主的滨水空间，岸板、廊道、水体相结合，让人与水最大限度地亲近。

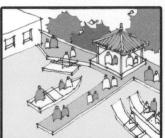

古码头打渔场景再现

穿梭于水与建筑间的行走体系

滨水休闲带透视图

丙 >> 重现會館文化

丙

更新位置

以改造后的会馆为核心的空间系统

a. 对保护建筑进行修缮　b. 标记周边质量较差的建筑

c. 破坏肌理的建筑拆除　d. 空间整合扩大规模

A. 传统会馆遗址游览

B. 人文宗祠集体祭祀活动

C. 古代进京赶考考场体验

历史街区有机更新和城中村改造

效果图

作品名称：针灸激活——大栅栏传统街区多元复兴　　学生姓名：修琳洁　李丹　　指导教师：于海漪　许方　王卉　王雷

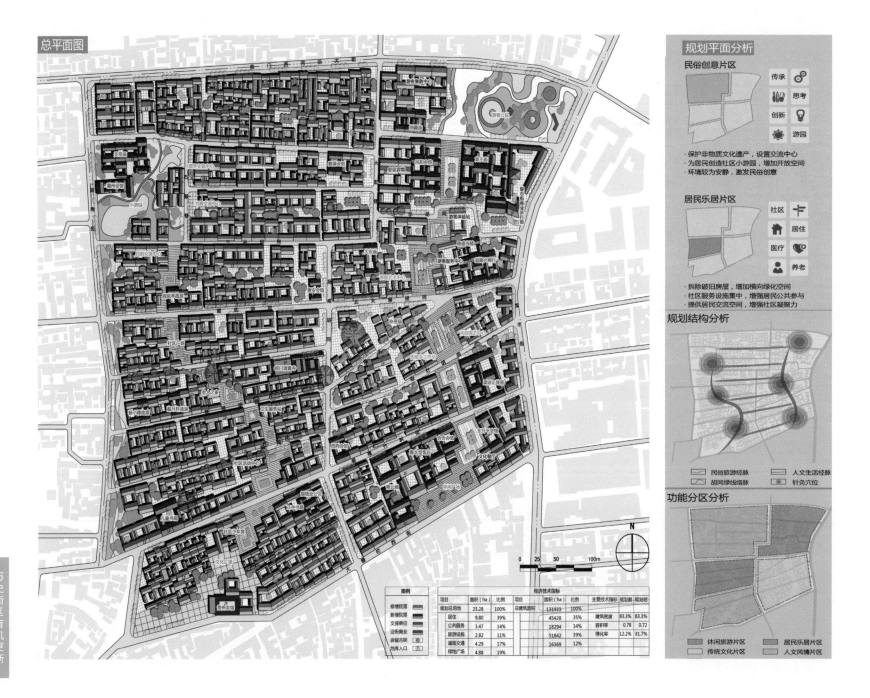

总平面图

规划平面分析

民俗创意片区

传承
思考
创新
游园

·保护非物质文化遗产，设置交流中心
·为居民创造社区小游园，增加开放空间
·环境较为安静，激发民俗创意

居民乐居片区

社区
居住
医疗
养老

·拆除破旧房屋，增加横向绿化空间
·社区服务设施集中，增强居民公共参与
·提供居民交流空间，增强社区凝聚力

规划结构分析

民俗旅游经脉　　人文生活经脉
胡同绿线经脉　　针灸穴位

功能分区分析

休闲旅游片区　　居民乐居片区
传统文化片区　　人文风情片区

图例	
修缮院落	
新增院落	
文保单位	
沿街商业	
保留古树	
地库入口	

经济技术指标						
项目	面积(ha)	比例	项目	面积(ha)	比例	
规划总用地	23.28	100%	总建筑面积	131933	100%	
居住	9.80	39%		45428	35%	
公共服务	3.47	14%		18294	14%	
旅游设施	2.82	11%		51842	39%	
道路交通	4.29	17%		16369	12%	
绿地广场	4.88	19%				

主要技术指标	规划前	规划后
建筑密度	83.3%	83.3%
容积率	0.78	0.72
绿化率	12.2%	31.7%

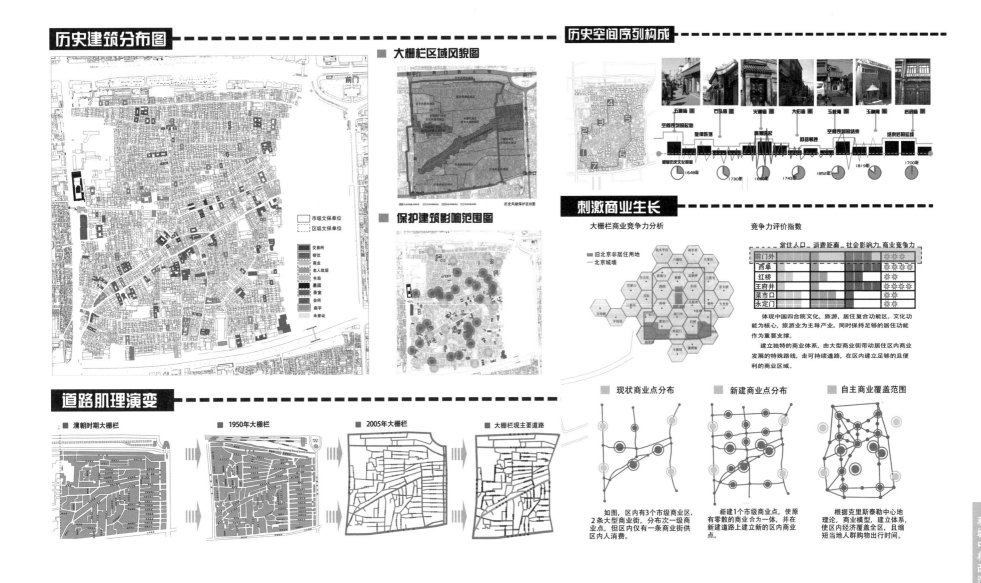

历史建筑分布图

大栅栏区域风貌图

保护建筑影响范围图

道路肌理演变

■ 清朝时期大栅栏　　■ 1950年大栅栏　　■ 2005年大栅栏　　■ 大栅栏现主要道路

历史空间序列构成

刺激商业生长

大栅栏商业竞争力分析　　　　竞争力评价指数

体现中国四合院文化、旅游、居住复合功能区。文化功能为核心，旅游业为主导产业。同时保持足够的居住功能作为重要支撑。

建立独特的商业体系，由大型商业街带动居住区内商业发展的特殊路线，走可持续道路，在区内建立足够的且便利的商业区域。

■ 现状商业点分布　　■ 新建商业点分布　　■ 自主商业覆盖范围

如图，区内有3个市级商业区，2条大型商业街，分布次一级商业点，但区内仅有一条商业街供区内人消费。

新建1个市级商业点，使原有零散的商业合为一体，并在新建道路上建立新的区内商业点。

根据克里斯泰勒中心地理论，商业模型，建立体系，使区内经济覆盖全区，且缩短当地人群购物出行时间。

作品名称：萌芽·新枝——大栅栏居住区的有机更新　　学生姓名：王宣 范春垒 刘子翼　　指导教师：王卉 于海漪 许方

历史街区有机更新和城中村改造

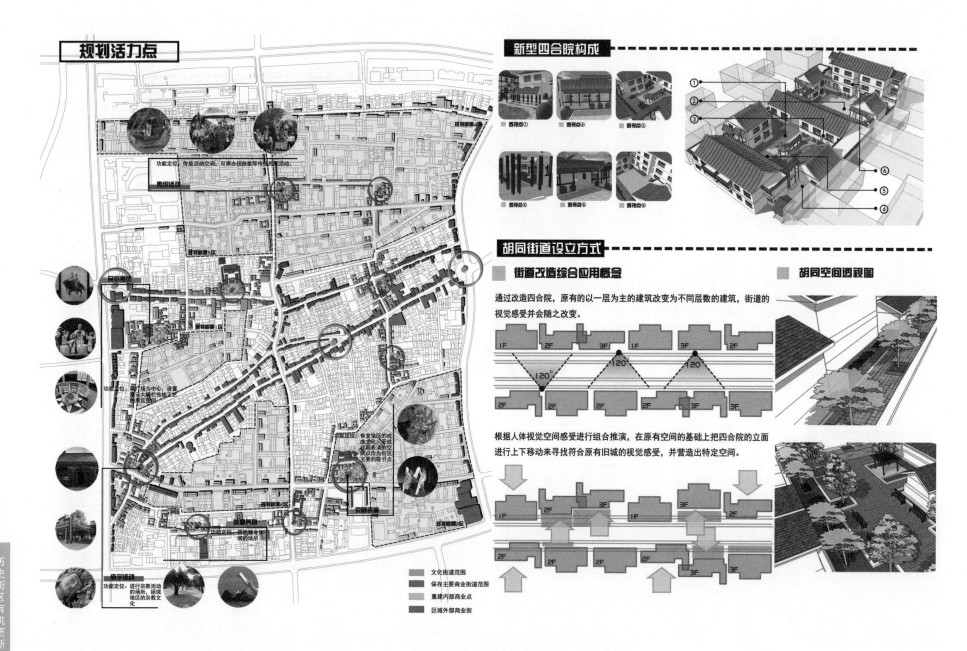

规划活力点

新型四合院构成

胡同街道设立方式

街道改造综合应用概念

通过改造四合院，原有的以一层为主的建筑改变为不同层数的建筑，街道的视觉感受并会随之改变。

根据人体视觉空间感受进行组合推演，在原有空间的基础上把四合院的立面进行上下移动来寻找符合原有旧城的视觉感受，并营造出特定空间。

胡同空间透视图

文化街道范围
保存主要商业街道范围
重建内部商业点
区域外部商业街

作品名称：萌芽·新枝——大栅栏居住区的有机更新　　学生姓名：王宣 范春垒 刘子翼　　指导教师：王卉 于海漪 许方

历史街区有机更新和城中村改造

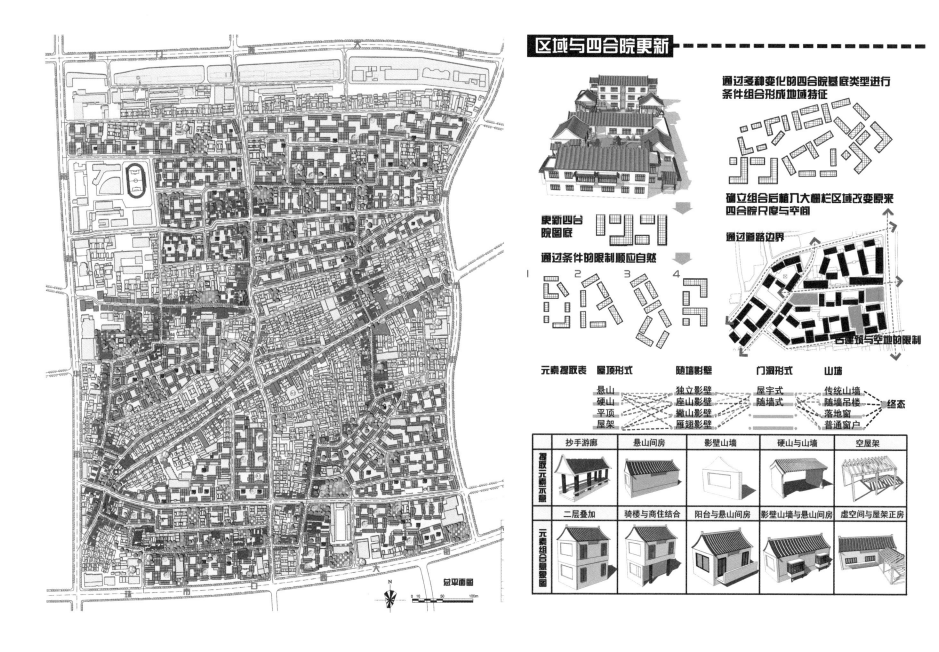

总平面图

N

0 10 50 100m

区域与四合院更新

通过多种变化的四合院基底类型进行
条件组合形成地域特征

更新四台
院图底

确立组合后植几大栅栏区域改变原来
四合院尺度与空间

通过条件的限制顺应自然

通过道路边界

1 2 3 4

古建筑与空地的限制

元素提取表	屋顶形式	随墙影壁	门洞形式	山墙
	悬山	独立影壁	屋宇式	传统山墙
	硬山	座山影壁	随墙式	随墙吊楼
	平顶	撇山影壁		落地窗
	屋架	雁翅影壁		普通窗户

终态

	抄手游廊	悬山间房	影壁山墙	硬山与山墙	空屋架
提取元素示意					
	二层叠加	骑楼与商住结合	阳台与悬山间房	影壁山墙与悬山间房	虚空间与屋架正房
元素组合意象图					

历史街区有机更新
和城中村改造

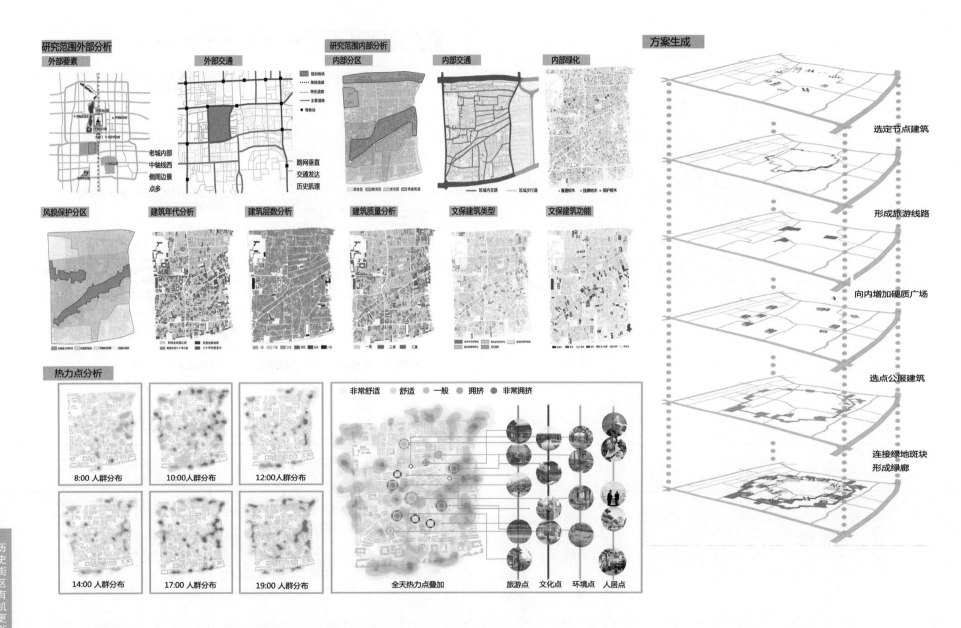

研究范围外部分析
外部要素
外部交通
研究范围内部分析
内部分区
内部交通
内部绿化
方案生成

选定节点建筑

形成旅游线路

向内增加硬质广场

选点公服建筑

连接绿地斑块
形成绿廊

老城内部
中轴线西
侧周边景
点多

路网垂直
交通发达
历史肌理

风貌保护分区
建筑年代分析
建筑层数分析
建筑质量分析
文保建筑类型
文保建筑功能

热力点分析

非常舒适　舒适　一般　拥挤　非常拥挤

8:00 人群分布
10:00 人群分布
12:00 人群分布

14:00 人群分布
17:00 人群分布
19:00 人群分布

全天热力点叠加　　旅游点　文化点　环境点　人居点

历史街区有机更新
和城中村改造

作品名称：圈里圈外——大栅栏居住区有机更新规划　　学生姓名：冯淼 肖祎　　指导教师：王卉 许方 王雷

总平面图

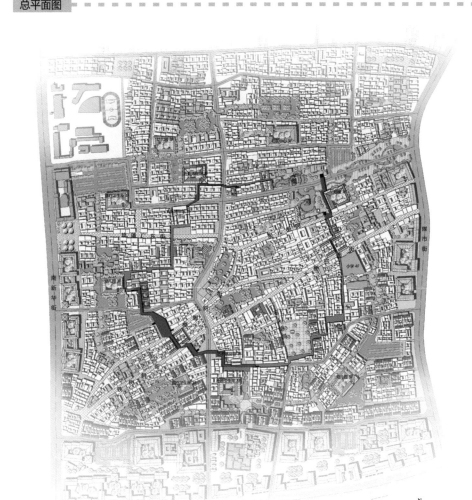

保留建筑   屋顶绿化
文保建筑   区域分散绿地
新建建筑   中心集中绿地
改造建筑   水系景观
公共建筑
下层创意廊道   ❶ 书画广场
上层创意廊道   ❷ 戏剧广场
建筑宅间绿地   ❸ 运动广场

规划用地平衡表

序号	代码		用地性质	面积(ha)	百分比(%)
1	C	C1	居住建筑用地	30	33.3
		C2	商业金融用地	13	14.4
		C3	公共服务用地	9	10
		C6	教育用地	2.7	3
2	S		道路广场用地	16	17.8
		S1	道路用地	7	7.8
		S2	广场用地	9	10
3	G		绿化用地	13	14.4
4			创业用地	6.3	7.3
合计			城市建设用地	90	100

经济技术指标

项目	单位	数量
总建筑面积	万平方米	115
建筑密度	%	72.3
容积率		1.4
绿化率	%	32
平均层数	层	1.3

空间结构

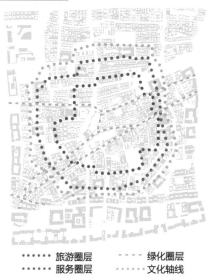

•••••• 旅游圈层   ------ 绿化圈层
•••••• 服务圈层   ------ 文化轴线

细节点设计

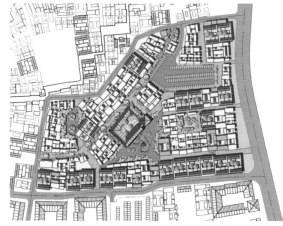

历史街区有机更新和城中村改造

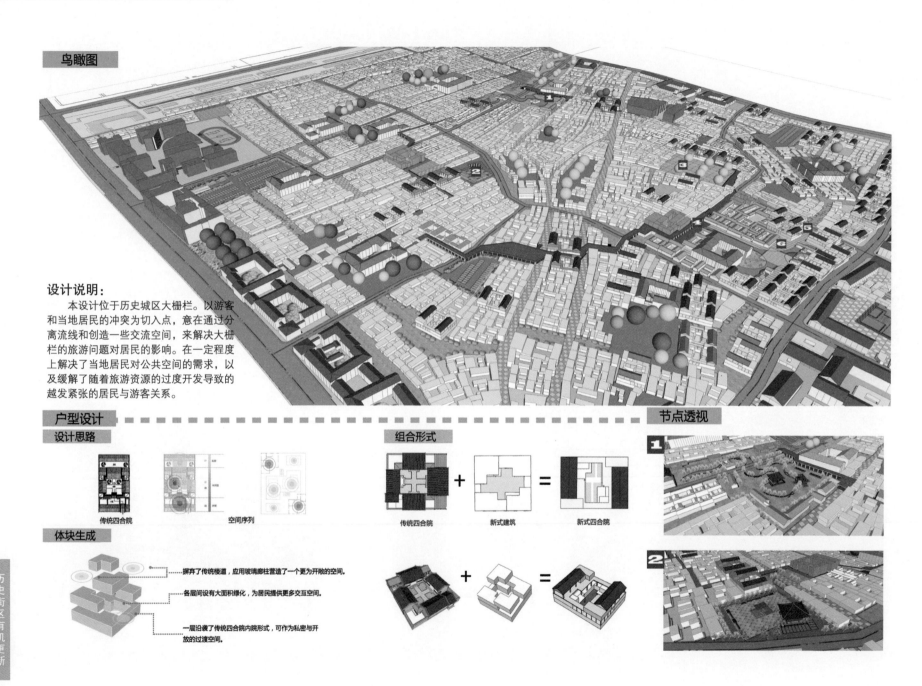

鸟瞰图

设计说明:

　　本设计位于历史城区大栅栏。以游客和当地居民的冲突为切入点，意在通过分离流线和创造一些交流空间，来解决大栅栏的旅游问题对居民的影响。在一定程度上解决了当地居民对公共空间的需求，以及缓解了随着旅游资源的过度开发导致的越发紧张的居民与游客关系。

户型设计

节点透视

设计思路

传统四合院　　　空间序列

组合形式

传统四合院　+　新式建筑　=　新式四合院

体块生成

‥‥‥‥摒弃了传统楼道，应用玻璃廊柱营造了一个更为开敞的空间。

‥‥‥‥各层间设有大面积绿化，为居民提供更多交互空间。

‥‥‥‥一层沿袭了传统四合院内院形式，可作为私密与开放的过渡空间。

剖透视[SECTION PERSPECTIVE]

规划体系生成

[PLANNING SYSTEM GENEGRATE]

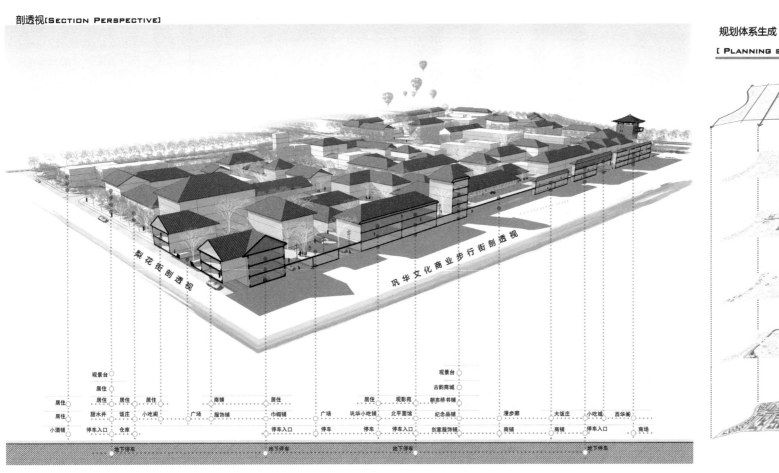

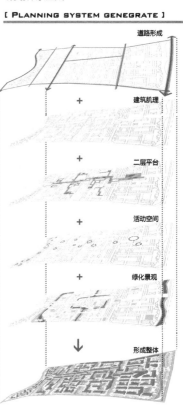

道路形成

+

建筑肌理

+

二层平台

+

活动空间

+

绿化景观

↓

形成整体

梨花街剖透视

巩华文化商业步行街剖透视

				观景台					观景台					
				居住					古韵商城					
居住	居住	居住	居住		商铺		居住		居住	观影苑	朝宗桥书铺				
居住	甜水井	饭庄	小吃阁		服饰铺	巾帽铺		广场	巩华小吃铺	北平面馆	纪念品铺	漫步廊	大饭庄	小吃城	西华阁
小酒铺	停车入口	仓库		广场	停车入口	停车入口	停车	停车入口	创意服饰铺		商铺		商铺	停车入口	商场

地下停车 地下停车 地下停车 地下停车

作品名称：溯源昔日巩华·再造十街八坊——北京昌平巩华城规划设计　　学生姓名：孙士玺 王秀凤　　指导教师：梁玮男 李婧 任雪冰 姬凌云

历史街区有机更新和城中村改造

概念分析[SECTION PERSPECTIVE]

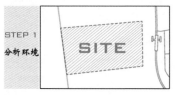

STEP 1
分析环境

SITE

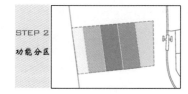

STEP 2
功能分区

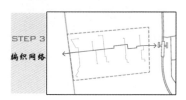

STEP 3
编织网络

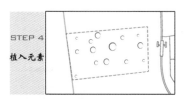

STEP 4
植入元素

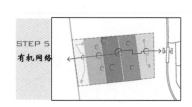

STEP 5
有机网络

传统平面元素　传统平面组合　一分为二

回归组合 A　回归组合 B　回归组合 C

回归组合 D　回归组合 E　回归组合 F

图底关系

空间拆解[SECTION PERSPECTIVE]

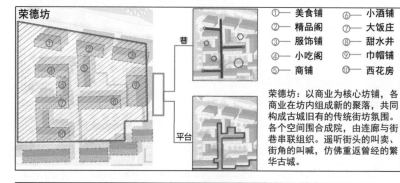

荣德坊

①—美食铺　⑥—小酒铺
②—精品阁　⑦—大饭庄
③—服饰铺　⑧—甜水井
④—小吃阁　⑨—巾帽铺
⑤—商铺　　⑩—西花房

荣德坊：以商业为核心坊铺，各商业在坊内组成新的聚落，共同构成古城旧有的传统街坊氛围。各个空间围合成院，由连廊与街巷串联组织。遥听街头的叫卖、街角的叫喊，仿佛重返曾经的繁华古城。

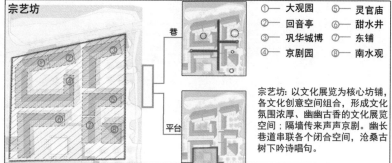

宗艺坊

①—大观园　⑤—灵官庙
②—回音亭　⑥—甜水井
③—巩华城博　⑦—东铺
④—京剧园　⑧—南水观

宗艺坊：以文化展览为核心坊铺，各文化创意空间组合，形成文化氛围浓厚、幽幽古香的文化展览空间；隔墙传来声声京剧。幽长巷道串联各个闭合空间，沧桑古树下吟诗唱句。

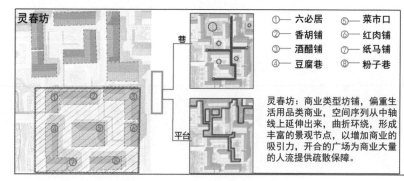

灵春坊

①—六必居　⑤—菜市口
②—香胡铺　⑥—红肉铺
③—酒醋铺　⑦—纸马铺
④—豆腐巷　⑧—粉子巷

灵春坊：商业类型坊铺，偏重生活用品类商业，空间序列从中轴线上延伸出来，曲折环绕，形成丰富的景观节点，以增加商业的吸引力，开合的广场为商业大量的人流提供疏散保障。

作品名称：溯源昔日巩华·再造十街八坊——北京昌平巩华城规划设计　学生姓名：孙士玺 王秀凤　指导教师：梁玮男 李婧 任雪冰 姬凌云

历史街区有机更新和城中村改造

空间拆解[SECTION PERSPECTIVE]

黄华坊

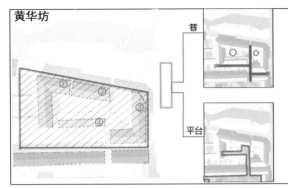

巷

平台

① —— 全聚德
② —— 稻香村
③ —— 聚庆斋
④ —— 砂锅居

黄华坊：以商业为核心坊铺，各商业在坊内组成新的聚落，共同构成古城旧有的传统街坊氛围。各个空间围合成院，由连廊与街巷串联组织。遥听街头的叫卖，街角的叫喊，仿佛重返曾经的繁华古城。

阜财坊

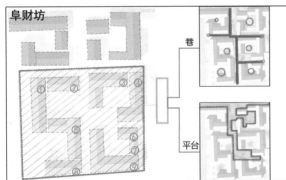

巷

平台

① —— 同仁堂   ⑥ —— 荣宝斋
② —— 马聚源   ⑦ —— 张一元
③ —— 谦祥益   ⑧ —— 亨得利
④ —— 天成斋   ⑨ —— 普兰德
⑤ —— 吴裕泰

阜财坊：取自"阜财解愠"，为民安物阜，天下大治之典。同义是商业类型坊。有街巷连接，三组对内围合空间，一组对外开敞空间。各空间围合感强，强调各自的商业主题元素，共同构成一个多姿多彩的坊铺。

时尚坊

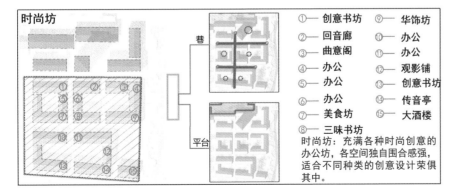

巷

平台

① —— 创意书坊   ⑨ —— 华饰坊
② —— 回音廊   ⑩ —— 办公
③ —— 曲意阁   ⑪ —— 办公
④ —— 办公   ⑫ —— 观影铺
⑤ —— 办公   ⑬ —— 创意书坊
⑥ —— 办公   ⑭ —— 传音亭
⑦ —— 美食坊   ⑮ —— 大酒楼
⑧ —— 三味书坊

时尚坊：充满各种时尚创意的办公坊，各空间独自围合感强，适合不同种类的创意设计荣俱其中。

1 廊道+出挑

OBSERVATION
视野

2 廊道+展板

EXHIBITION
展示

3 廊道+二层步行

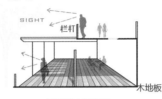

INTERACTIVE
互动

4 廊道+二层步行

CONSTRUCTION
结构

5 廊道+出挑

TRANSITION
过渡

6 廊道+景观

CUT OFF
隔断

7 廊道+二层步行

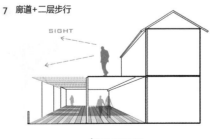

ISOLATION
隔离

8 廊道+二层步行+展板

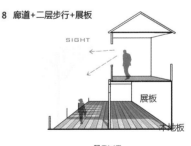

SPLIT
错层

历史街区有机更新和城中村改造

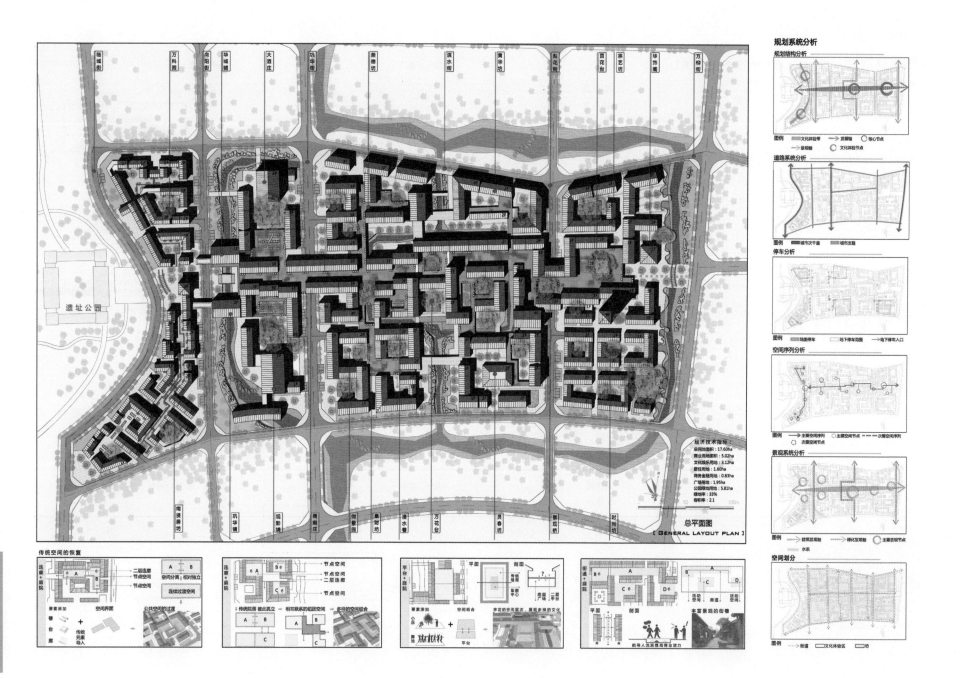

规划系统分析

规划结构分析

道路系统分析

停车分析

空间序列分析

景观系统分析

空间划分

传统空间的恢复

总平面图
[GENERAL LAYOUT PLAN]

经济技术指标
总用地面积：17.60ha
商业用地面积：5.02ha
文化娱乐用地：3.12ha
居住用地：1.60ha
商务金融地：0.83ha
广场用地：1.95ha
公园绿地用地：5.81ha
绿地率：33%
容积率：2.1

历史街区有机更新和城中村改造

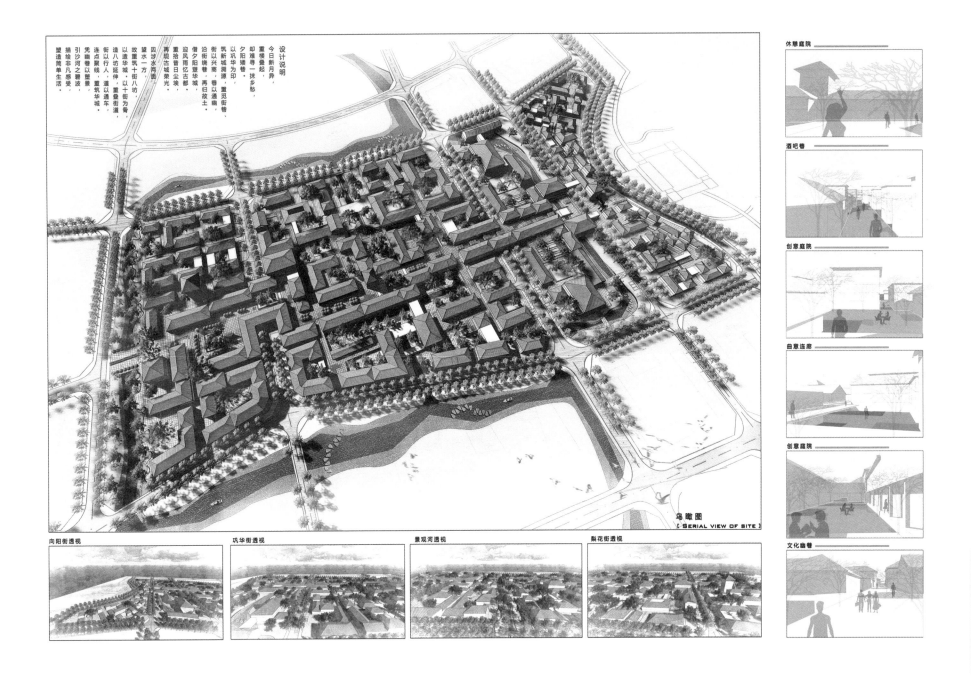

设计说明

今日新月异，
重楼叠起，
却难寻一抹乡愁。
夕阳矮巷，
以巩华为印。
筑新城溯源，重觅街巷、
街以兴商，巷以通幽，
沿街绕巷，再归故土。
借夕阳塑华城，
迎风雨忆古都。
重拾昔日尘埃，
再现古城荣光。
因涉水两面，
望水一方。
故重筑十街八坊，
以造华城。以十街为骨，
造八坊延伸。
街以行人，道以通车，
造重叠街道，
连点聚线、重叠街巷。
凭幽巷以塑景，
引沙河之碧波，
描绘非凡单生活。
塑造简单感受，

鸟瞰图
[SERIAL VIEW OF SITE]

休憩庭院

酒吧巷

创意庭院

曲意连廊

创意庭院

文化曲巷

向阳街透视

巩华街透视

景观河透视

梨花街透视

历史街区有机更新
和城中村改造

树村音乐人发展方向

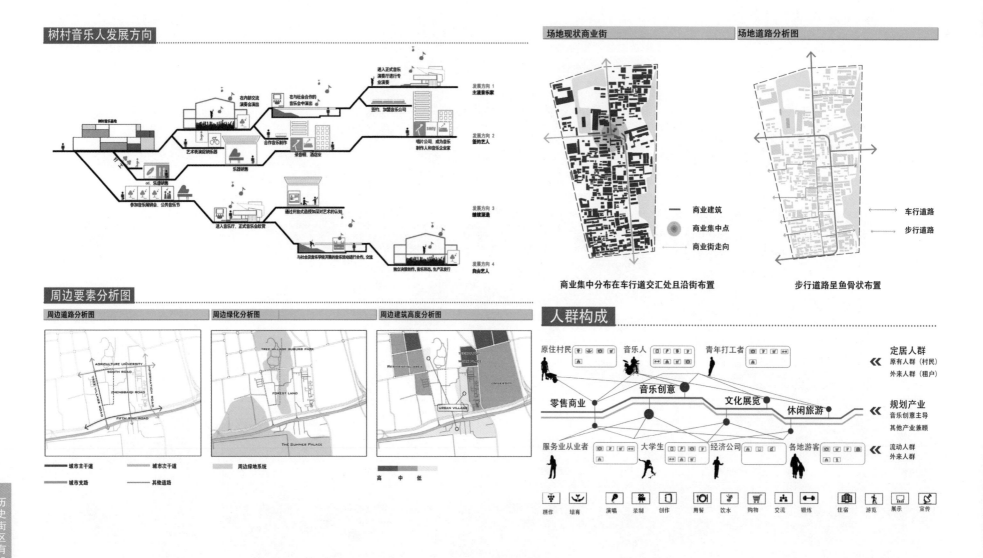

周边要素分析图

周边道路分析图

周边绿化分析图

周边建筑高度分析图

城市主干道　　　　城市次干道
城市支路　　　　　其他道路

周边绿地系统

高　中　低

场地现状商业街

场地道路分析图

商业建筑
商业集中点
商业街走向

车行道路
步行道路

商业集中分布在车行道交汇处且沿街布置

步行道路呈鱼骨状布置

人群构成

原住村民　　音乐人　　青年打工者

定居人群
原有人群（村民）
外来人群（租户）

零售商业　　音乐创意　　文化展览　　休闲旅游

规划产业
音乐创意主导
其他产业兼顾

服务业从业者　　大学生　　经济公司　　各地游客

流动人群
外来人群

耕作　培育　演唱　录制　创作　用餐　饮水　购物　交流　锻炼　住宿　游览　展示　宣传

作品名称：MUSIC——C&V catalyst "树村" 城中村改造规划设计　　学生姓名：邱江闽　宋婉玥　　指导教师：梁玮男　任雪冰　李婧　姬凌云

历史街区有机更新
和城中村改造

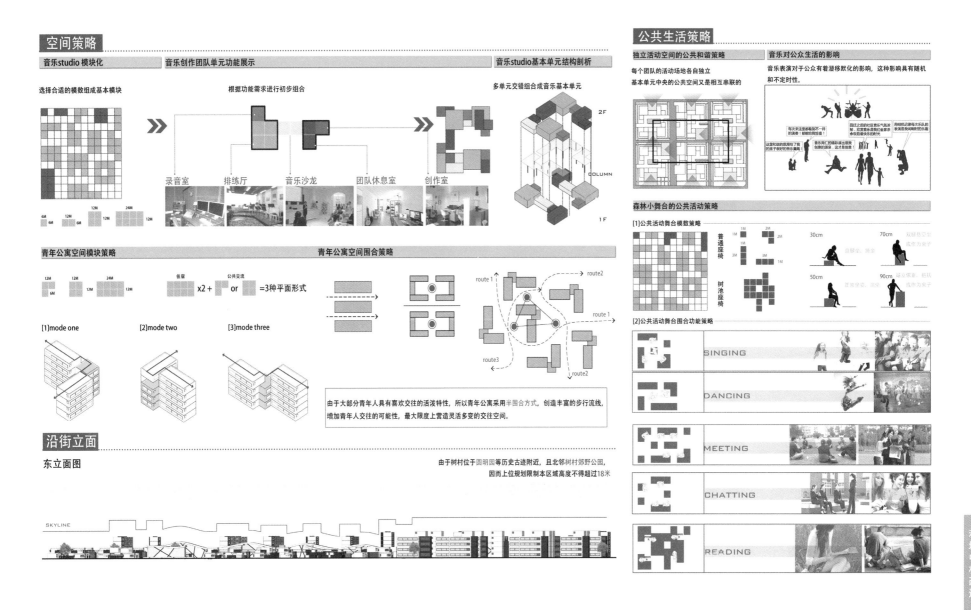

空间策略

音乐studio 模块化

选择合适的模数组成基本模块

6M 12M 12M 24M 12M
6M 6M 6M 12M

音乐创作团队单元功能展示

根据功能需求进行初步组合

录音室　排练厅　音乐沙龙　团队休息室　创作室

音乐studio基本单元结构剖析

多单元交错组合成音乐基本单元

2F

COLUMN

1F

青年公寓空间模块策略

12M 24M
12M 12M 12M
6M

住宿 公共交流
x2 + or =3种平面形式

[1]mode one　[2]mode two　[3]mode three

route 1
route 2
route 1
route3
route2

由于大部分青年人具有喜欢交往的活泼特性，所以青年公寓采用半围合方式，创造丰富的步行流线，增加青年人交往的可能性，最大限度上营造灵活多变的交往空间。

沿街立面

东立面图

由于树村位于圆明园等历史古迹附近，且北邻树村郊野公园，因而上位规划限制本区域高度不得超过18米

SKYLINE

公共生活策略

独立活动空间的公共和谐策略

每个团队的活动场地各自独立
基本单元中央的公共空间又是相互串联的

音乐对公众生活的影响

音乐表演对于公众有着潜移默化的影响，这种影响具有随机和不定时性。

森林小舞台的公共活动策略

[1]公共活动舞台模数策略

1M 2M
1M 2M
3M 普通座椅
3M
1M 树池座椅

30cm　70cm
50cm　90cm

[2]公共活动舞台围合功能策略

SINGING

DANCING

MEETING

CHATTING

READING

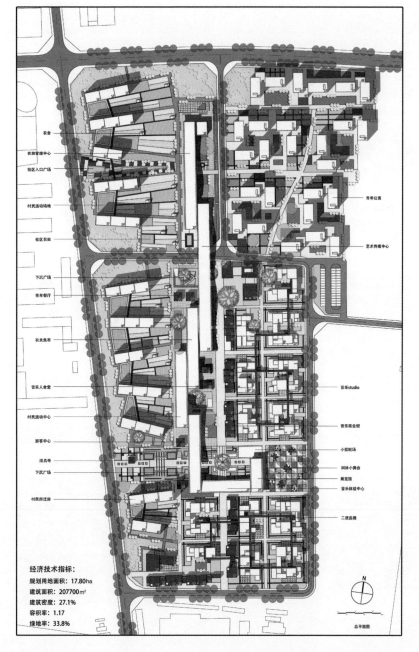

农舍
农田管理中心
社区入口广场
村民活动场地
社区农田
下沉广场
青年餐厅
农夫集市
音乐人食堂
村民活动中心
游客中心
清真寺
下沉广场
村民回迁房

青年公寓
艺术传媒中心

音乐studio
音乐商业街
小型剧场
树林小聚会
展览馆
音乐体验中心
二层连廊

经济技术指标:
规划用地面积: 17.80ha
建筑面积: 207700m²
建筑密度: 27.1%
容积率: 1.17
绿地率: 33.8%

总平面图

主要规划分析图

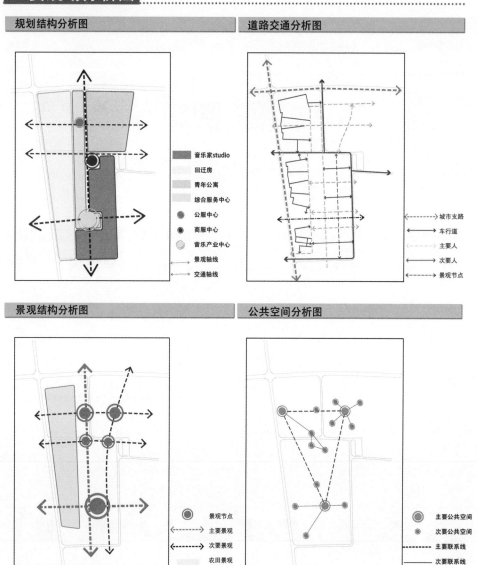

规划结构分析图

■ 音乐家studio
　 回迁房
■ 青年公寓
　 综合服务中心
● 公服中心
● 商服中心
● 音乐产业中心
→ 景观轴线
→ 交通轴线

道路交通分析图

→ 城市支路
→ 车行道
→ 主要人
→ 次要人
○ 景观节点

景观结构分析图

○ 景观节点
→ 主要景观
→ 次要景观
　 农田景观

公共空间分析图

○ 主要公共空间
○ 次要公共空间
--- 主要联系线
--- 次要联系线

作品名称: MUSIC——C&V catalyst "树村"城中村改造规划设计　　学生姓名: 邱江闽 宋婉玥　　指导教师: 梁玮男 任雪冰 李婧 姬凌云

历史街区有机更新和城中村改造

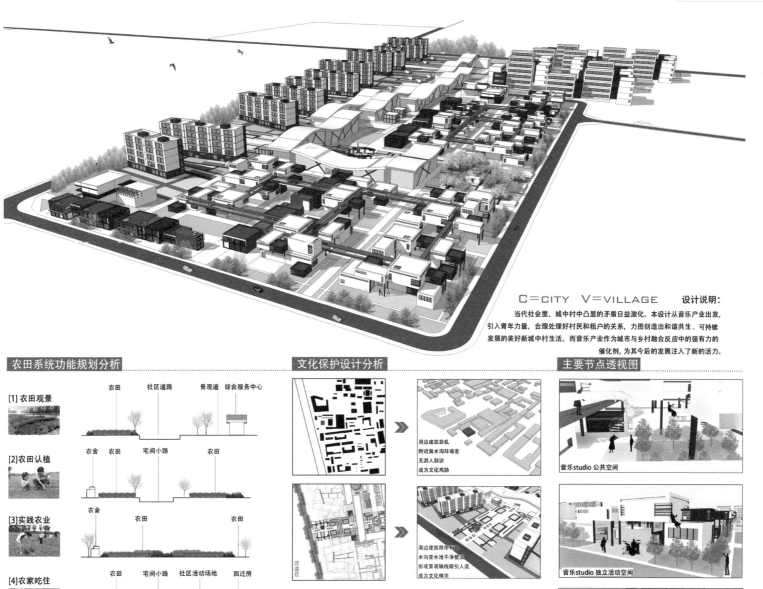

C=CITY V=VILLAGE 设计说明：

当代社会里，城中村中凸显的矛盾日益激化。本设计从音乐产业出发，引入青年力量，合理处理好村民和租户的关系，力图创造出和谐共生、可持续发展的美好新城中村生活。而音乐产业作为城市与乡村融合反应中的强有力的催化剂，为其今后的发展注入了新的活力。

农田系统功能规划分析

[1] 农田观景

农田　社区道路　景观道　综合服务中心

[2] 农田认植

农舍　农田　宅间小路　农田

[3] 实践农业

农舍　农田　农田

[4] 农家吃住

农田　宅间小路　社区活动场地　回迁房

[5] 农产品购物

回迁房　农田　社区道路　景观道　综合服务中心

文化保护设计分析

周边建筑杂乱
附近臭水沟环境差
无游人到访
成为文化鸡肋

改造后

周边建筑秩序井然
水沟变水池干净整洁
形成景观铺线吸引人流
成为文化精华

寺庙与"院墙"相呼应的景色

"取景框"中的清真寺

主要节点透视图

音乐studio 公共空间

音乐studio 独立活动空间

中心景观广场

设计背景

在中国城市化发展速度越来越快的背景下，传统的农村被吞噬掉，农村的人群进入城市成为城市人口。但是他们很多的习惯和爱好都没有改变。现今有太多的农村类似这样，我们称其为城中村。它与城市截然不同的是它有很多内在的东西让农村人不是很理解。他们不知道该怎么生活？！

Under the urbanization process, the original village agricultural land has been swallowed,the villiege people has became the city people ,but they don't change their habits and customs.Nowadays so many villiege is Similar to these .we call these villiege "a viiiage in the urban town.

A villiege in the urban town ,for short ,called urban villiege.it is different with the city Perhaps it has some internal things that make villiege people not understand clearly. They didnot khnow what and where they can live..

No.1 And one problem we have already said,but therehave another one.**THE OUTSIDERS..**

Through the picture ,some scence we can know .the house is shabby ,maybe we don't call it house .it is about 7 square meters .the number you can image.there are 4or 5 people live it like this "house" the survive can make people breakdown.the envirment around their life is so dirty .we can feel the picture would be the hell..

No.2 Because of the shabby house, it always need a little money every mouth to live there. So it can attrative the lower .living there can save money.

it is not only the outsiders live there but also some low-income people localy here.and maybe have someone who is high quality new to society .They have a little experience to this world.

Due to this reason, they live there with the outsiders.Environment make them live together and form a large social networks.look at the picture, you will see their situation.

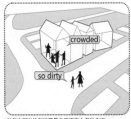

他们之所以住在这里是由于没有太多的金钱

Silicon valley in Beijing
It is about 440m
People can work there,so close

China agricultural university
It is 300m
educate someone knowledge

Beijing Beijing Sport University
It is only 400m
Always there are many students

The closer Residential area.so many people
It is 500m
A lot of people are working there

The Summer Palace
It is about 1000m
People can go playing and enjoy themslves

Tsinghua university
It is about 2000m
The national universities.

300m 400m 1000m 2000m

direct influence

Indirect influence

区域特殊性分析

Centralized green land

Wind

The woods si important

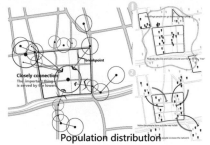

Population distribution

作品名称：RETURN HOME——City Incubator & Happy Life   学生姓名：王宣 刘子翼   指导教师：姬凌云 梁玮男 任雪冰 于海漪

历史街区有机更新
和城中村改造

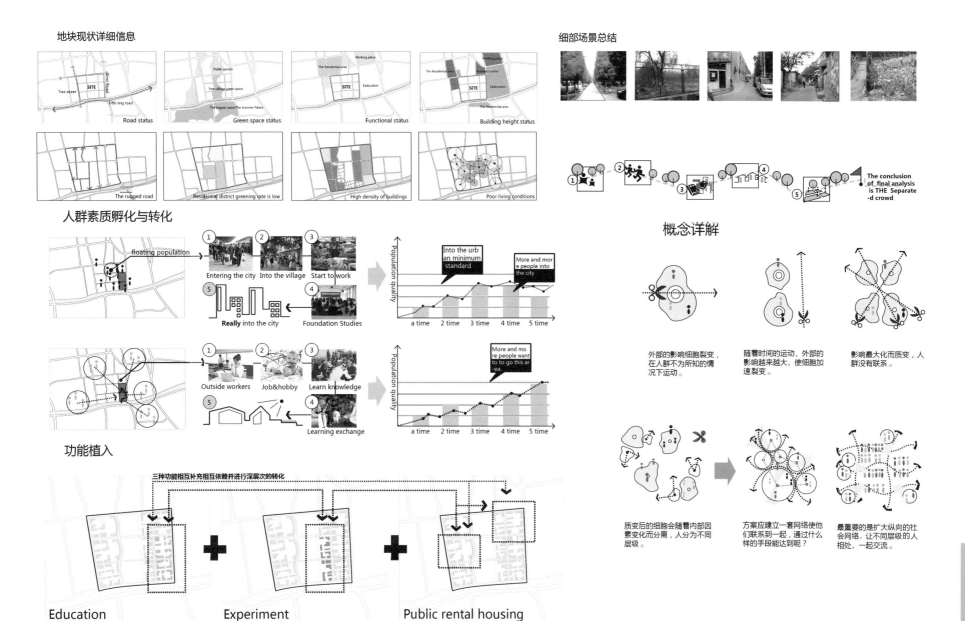

地块现状详细信息

Road status | Green space status | Functional status | Building height status

The rugged road | Residential district greening rate is low | High density of buildings | Poor living conditions

细部场景总结

The conclusion of final analysis is THE Separate-d crowd

人群素质孵化与转化

floating population

1 Entering the city | 2 Into the village | 3 Start to work
4 Foundation Studies | 5 **Really** into the city

Into the urban minimum standard
More and more people into the city

1 Outside workers | 2 Job&hobby | 3 Learn knowledge
4 Learning exchange | 5

More and more people want to to go this area.

功能植入

三种功能相互补充相互依赖并进行深层次的转化

Education + Experiment + Public rental housing

概念详解

外部的影响细胞裂变，在人群不为所知的情况下运动。

随着时间的运动，外部的影响越来越大，使细胞加速裂变。

影响最大化而质变，人群没有联系。

质变后的细胞会随着内部因素变化而分离，人分为不同层级。

方案应建立一套网络使他们联系到一起，通过什么样的手段能达到呢？

最重要的是扩大纵向的社会网络，让不同层级的人相处，一起交流。

作品名称：RETURN HOME——City Incubator & Happy Life   学生姓名：王宣 刘子翼   指导教师：姬凌云 梁玮男 任雪冰 于海漪

历史街区有机更新和城中村改造

绿化景观示意图

道路分级系统示意图

树村功能分区示意图

树村建筑肌理示意图

RETURN HOME
CITY INCUBATOR
HAPPY LIFE FOR EVERYBODY

In my town everyone want to a house, or a beautiful life. IN this life they can do everthing whatever they want .But they can' t.They do their best to make them feel better they even do have to do busy work e very day between 6: 00 to 9: 00. IN reality,they could not have this life what can make them happy. They do have life,We can say it a life or to call it survive.

We should give them a "HOME" The city tend to be saturated. BUT there are so many people who from country come to the city to seek the human hope life. Maybe the can success. Although a little possibility. We must give these people a incubator for it.Do ing the right things to them can make the world better.

历史街区有机更新
和城中村改造

分析图

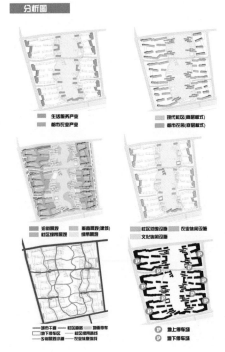

生活居养产业
都市农业产业
现代社区(高层版式)
都市农居(底层版式)

沿街景观
社区绿带景观
重点景观(建筑)
绿带景观
社区绿带设施
文化体闲设施
农业体闲设施

地市干道
社区街路
乡村景观小路
地上停车
地下停车
社区绿带游线
农业体型游线

P 地上停车场
P 地下停车场

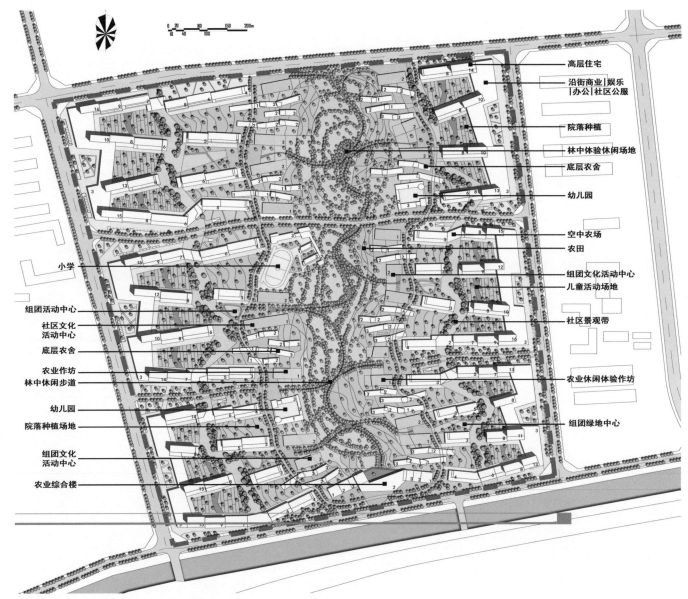

高层住宅
沿街商业|娱乐|办公|社区公服
院落种植
林中体验休闲场地
底层农舍
幼儿园
空中农场
农田
组团文化活动中心
儿童活动场地
社区景观带
农业休闲体验作坊
组团绿地中心

小学
组团活动中心
社区文化活动中心
底层农舍
农业作坊
林中休闲步道
幼儿园
院落种植场地
组团文化活动中心
农业综合楼

设计说明

　　城中村乡村土地只改造外形是没有作用的。文化发展最大的推动力是经济。随着经济发展社会竞争不断变化，社会形态与物质形态的改造结合制度文化的整合，寻找两类文化的共同性和共有价值观，以温和的人性方式过渡，非城市文化取代原有农村文化。思想上，使村民和流动人口在思想上和行为方式上成为真正的城市居民，城市化文化的推进，把"城中村"人的思想和行为融入城市文明，加速"城中村"的城市化进程，加强村民与城市文明的融合，实现农村与城市文化的整合与重组。

作品名称：新生·共生——城中村改造　　学生姓名：文华 庄宇晨　　指导教师：姬凌云 梁玮男 任雪冰 于海漪

历史街区有机更新和城中村改造

透视图

DESIGN NOTES

The village in the city of rural land reform is not only the shape function. The cultural conflict "Chengzhongcun" lack of coordination of urban and rural basic performances begin from the culture, cultural development is the driving force of economy with the development of economy society competition is changing, the transformation of social form and material form the combination of integration of system culture, seek the common two kinds of culture, shared values, and the transition of human nature the city culture, not to replace the original rural culture, thought, the village and the floating population in the thought value idea and the behavior way become a real city residents, city of cultural advancement, the "village" thought and behavior of people into the city civilization city, accelerates the "village in city" the process of fusion, is to strengthen villages and city civilization, the realization of people: integration and reorganization.

历史街区有机更新 和城中村改造

作品名称：新生·共生——城中村改造   学生姓名：文华 庄宇晨   指导教师：姬凌云 梁玮男 任雪冰 于海漪

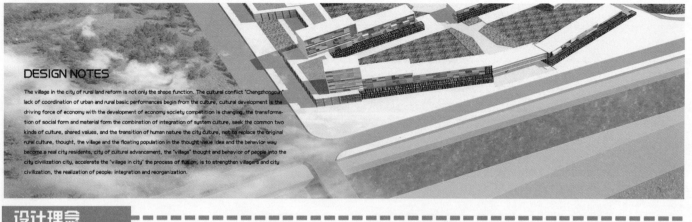

DESIGN NOTES

The village in the city of rural land reform is not only the shape function. The cultural conflict "Chengzhongcun" lack of coordination of urban and rural basic performances begin from the culture, cultural development is the driving force of economy with the development of economy society competition is changing, the transformation of social form and material form the combination of integration of system culture, seek the common two kinds of culture, shared values, and the transition of human nature the city culture, not to replace the original rural culture, thought, the village and the floating population in the thought value idea and the behavior way become a real city residents, city of cultural advancement, the "village" thought and behavior of people into the city civilization city, accelerate the "village in city" the process of fusion, is to strengthen village's and city civilization, the realization of people: integration and reorganization.

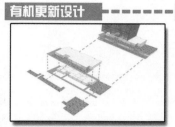

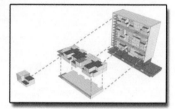

设计理念

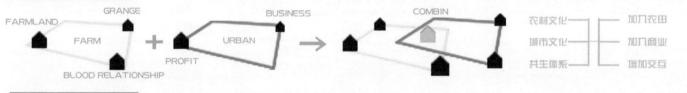

FARMLAND　GRANGE　FARM　BLOOD RELATIONSHIP　+　BUSINESS　URBAN　PROFIT　→　COMBIN

农村文化　加入农田
城市文化　加入商业
共生体系　增加交互

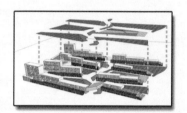

生态居住分析图

种植分布

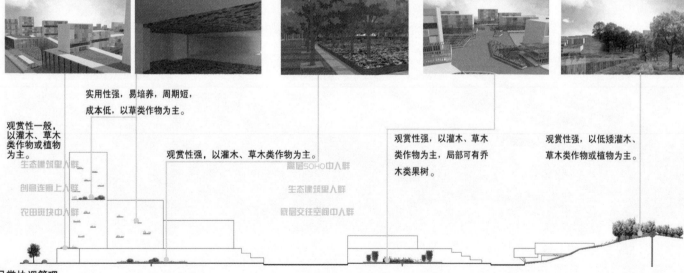

实用性强，易培养，周期短，成本低，以草类作物为主。

观赏性一般，以灌木、草木类作物或植物为主。

观赏性强，以灌木、草木类作物为主。

观赏性强，以灌木、草木类作物为主，局部可有乔木类果树。

观赏性强，以低矮灌木、草木类作物或植物为主。

生态建筑里人群
创意连廊上人群
农田斑块中人群

高居SOHO中人群
生态建筑里人群
底层交往空间中人群

日常协调管理

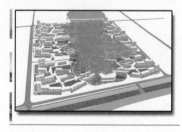

历史街区有机更新
和城中村改造

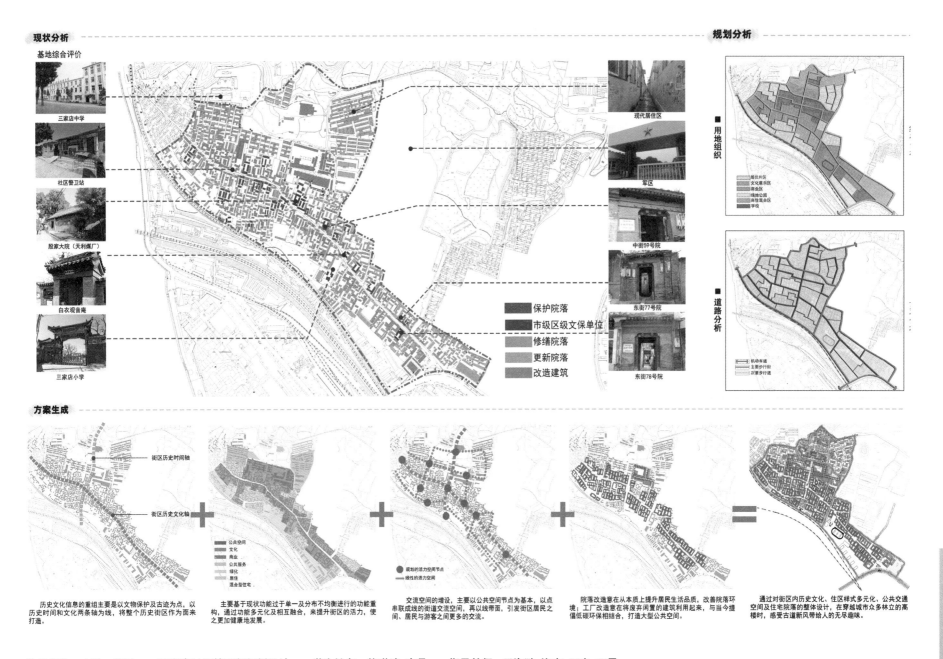

现状分析

基地综合评价

三家店中学

社区警卫站

殷家大院（天利煤厂）

白衣观音庵

三家店小学

保护院落
市级区级文保单位
修缮院落
更新院落
改造建筑

现代居住区

军区

中街59号院

东街77号院

东街78号院

规划分析

用地组织

居住片区
文化展示区
商业区
绿地公园
弹性混合区
学校

道路分析

机动车道
主要步行街
次要步行道

方案生成

街区历史时间轴

街区历史文化轴

公共空间
文化
商业
公共服务
绿化
居住
混合型住宅

规划的活力空间节点
线性的活力空间

历史文化信息的重组主要是以文物保护及古迹为点，以历史时间和文化两条轴为线，将整个历史街区作为面来打造。

主要基于现状功能过于单一及分布不均衡进行的功能重构，通过功能多元化及相互融合，来提升街区的活力，使之更加健康地发展。

交流空间的增设，主要以公共空间节点为基本，以点串联成线的街道交流空间，再以线带面，引发街区居民之间、居民与游客之间更多的交流。

院落改造意在从本质上提升居民生活品质，改善院落环境；工厂改造意在将废弃闲置的建筑利用起来，与当今提倡低碳环保相结合，打造大型公共空间。

通过对街区内历史文化、住区样式多元化、公共交通空间及住宅院落的整体设计，在穿越城市众多林立的高楼时，感受古道新风带给人的无尽趣味。

作品名称：古道·新风——三家店村保护更新规划设计　　学生姓名：修琳洁 李丹　　指导教师：于海漪 许方 王卉 王雷

乡村规划设计

总平面图

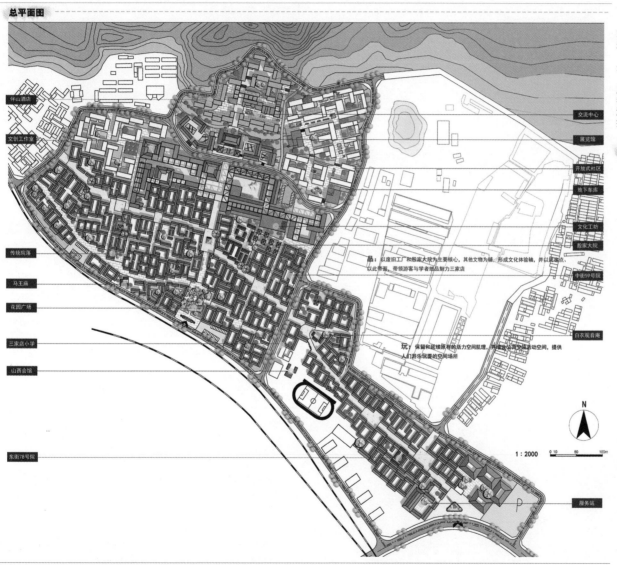

伴山酒店
文创工作室
传统院落
马王庙
花园广场
三家店小学
山西会馆
东街78号院

交流中心
展览馆
开放式社区
地下车库
文化工坊
殷家大院
中街59号院
白衣观音庵
服务站

1 : 2000

N

设计说明

　　三家店作为京西古道的商贸重镇，如何有效传承其文化和民俗，如何促进传统空间和现代生活相融合，是要解决的根本问题。设计主题"古道·新风"，以现代生活切入，重塑村落活力，展现历史风采。

　　规划通过综合运用问题导向和目标导向的技术路线，从生态、产业、生活、文化四个方面来研究三家店传统村落保护与更新。

　　"润生态"注重修复生态环境，构建绿色网络，营造生态社区；"活产业"定位特色产业，构造产业发展框架，激活产业转型升级形成自我有序的发展；"慢生活"基于传统村落特色，完善公服设施，串接慢游体系，激活公共生活；"涵文化"则是在保护历史文化资源的基础上，提出传承文化多样性、提升文化展现力、激活文化创造力。

体块生成

改造更新现有废弃工厂——再利用

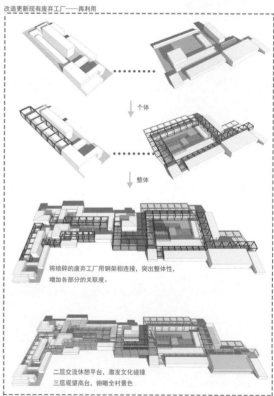

个体

整体

将琐碎的废弃工厂用钢架相连接，突出整体性，增加各部分的关联度。

二层交流休憩平台，激发文化碰撞
三层观望高台，俯瞰全村景色

乡村规划设计

透视图

绿地公园　　　　　　　　　　　厂房改道　　　　　　　　　　山地建筑　　　　　厂房连廊

作品名称：古道·新风——三家店村保护更新规划设计　　　学生姓名：修琳洁 李丹　　　指导教师：于海漪 许方 王卉 王雷

乡村规划设计

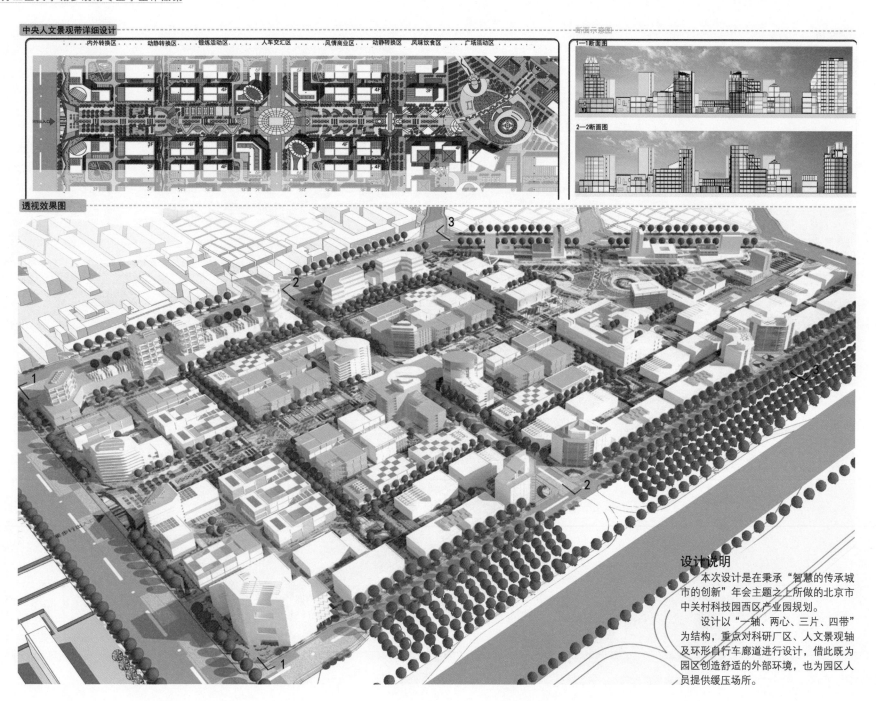

中央人文景观带详细设计

内外转换区　动静转换区　锻炼活动区　人车交汇区　风情商业区　动静转换区　风味饮食区　广场活动区

断面示意图

1—1断面图

2—2断面图

透视效果图

设计说明

　　本次设计是在秉承"智慧的传承城市的创新"年会主题之上所做的北京市中关村科技园西区产业园规划。

　　设计以"一轴、两心、三片、四带"为结构，重点对科研厂区、人文景观轴及环形自行车廊道进行设计，借此既为园区创造舒适的外部环境，也为园区人员提供缓压场所。

综合现状分析

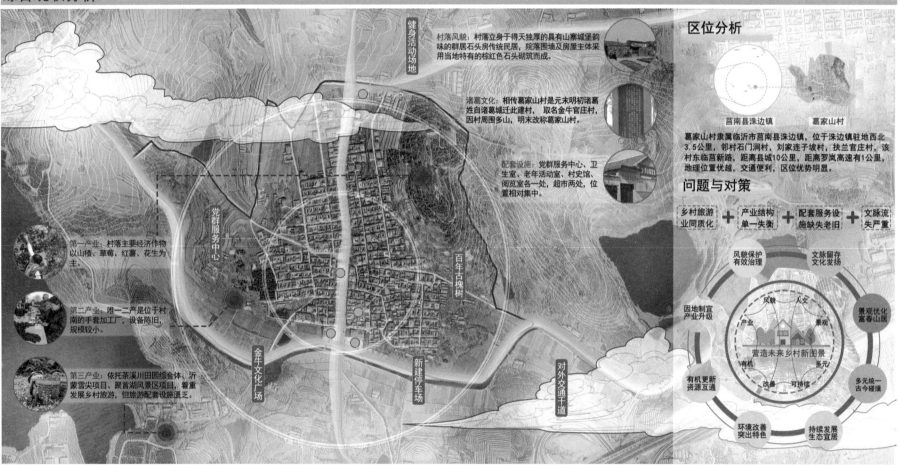

村落风貌：村落立身于得天独厚的具有山寨城堡韵味的群居石头房传统民居，院落围墙及房屋主体采用当地特有的棕红色石头砌筑而成。

诸葛文化：相传葛家山村是元末明初诸葛姓自诸葛城迁此建村，取名金牛官庄村，因村周围多山，明末改称葛家山村。

配套设施：党群服务中心、卫生室、老年活动室、村史馆、阅览室各一处，超市两处，位置相对集中。

健身活动场地

党群服务中心

百年古槐树

金牛文化广场

新建停车场

对外交通干道

第一产业：村落主要经济作物以山楂、草莓、红薯、花生为主。

第二产业：唯一二产是位于村南的手套加工厂，设备陈旧，规模较小。

第三产业：依托茶溪川田园综合体、沂蒙雪尖项目、聚首湖风景区项目，着重发展乡村旅游，但旅游配套设施匮乏。

区位分析

莒南县洙边镇　　葛家山村

葛家山村隶属临沂市莒南县洙边镇，位于洙边镇驻地西北3.5公里，邻村石门洞村，刘家连于坡村，扶兰官庄村，该村东临莒新路，距离县城10公里，距离罗岚高速有1公里，地理位置优越，交通便利，区位优势明显。

问题与对策

乡村旅游业同质化 ＋ 产业结构单一失衡 ＋ 配套服务设施缺失老旧 ＋ 文脉流失严重

风貌保护有效治理　　文脉留存文化发扬

因地制宜产业升级　　景观优化富春山居

营造未来乡村新图景

风貌　人文　景观　产业　多元　有机　改善　可持续

有机更新资源互通　　多元统一古今碰撞

环境改善突出特色　　持续发展生态宜居

作品名称：茶香、石韵、新乡情——面向未来乡村图景构建的葛家山村规划设计　　学生姓名：吴秋敏 宋旭东 马丹娅 金明华 马文涛　　指导教师：梁玮男 李婧

空间结构

- ● 功能更新节点
- ⇔ 村庄形象轴线
- 沿河景观带
- 活动线路规划

智时光共享板块

中草药种植园

诸葛茅庐
沿街商业整治
养儿居
智田园分享板块

配套多种公共服务设施,提高游客、老年人、儿童活动的丰富度。

茶艺表演
品香园
石韵民宿
智生活畅享板块

依托现有自然环境来打造生态呼吸空间,惠及当地居民。

茶园体验区
停车场
艺术展览馆
金酒庄园

增设环湖环山康养驿道,推崇生态健康绿色的生活氛围。

产业特色化

特色茶文化体验

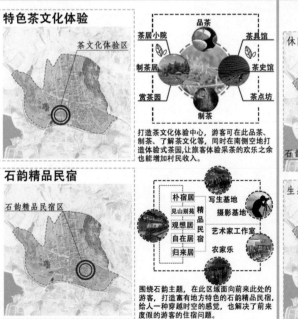

茶文化体验区

品茶
茶居小院
茶具馆
制茶居
茶史馆
赏茶园
茶点坊
制茶

打造茶文化体验中心,游客可在此品茶、制茶、了解茶文化等,同时在南侧空地打造体验式茶园,让旅客体验采茶的欢乐之余也能增加村民收入。

石韵精品民宿

石韵精品民宿区

朴宿居
见山别苑
写生基地
观想居
摄影基地
精品民宿
艺术家工作室
自在居
归来居
农家乐

围绕石韵主题,在此区域面向前来此处的游客,打造富有地方特色的石韵精品民宿,给人一种穿越时空的感觉,也解决了前来度假的游客的住宿问题。

业态精品化

休闲度假乡村旅游产业
特色文化体验旅游产业:茶文化 + 诸葛文化
石韵特色产业片区
文创产业片区
生态休闲观光旅游产业
康养产业
生态休闲旅游业片区
康养产业片区

环境生态化

生态康养
河道整治
金牛广场

种养结合 青草 鸡 玉米 羊 农旅结合 茶田 参观 果林 采摘

空间结构分析

总平面图

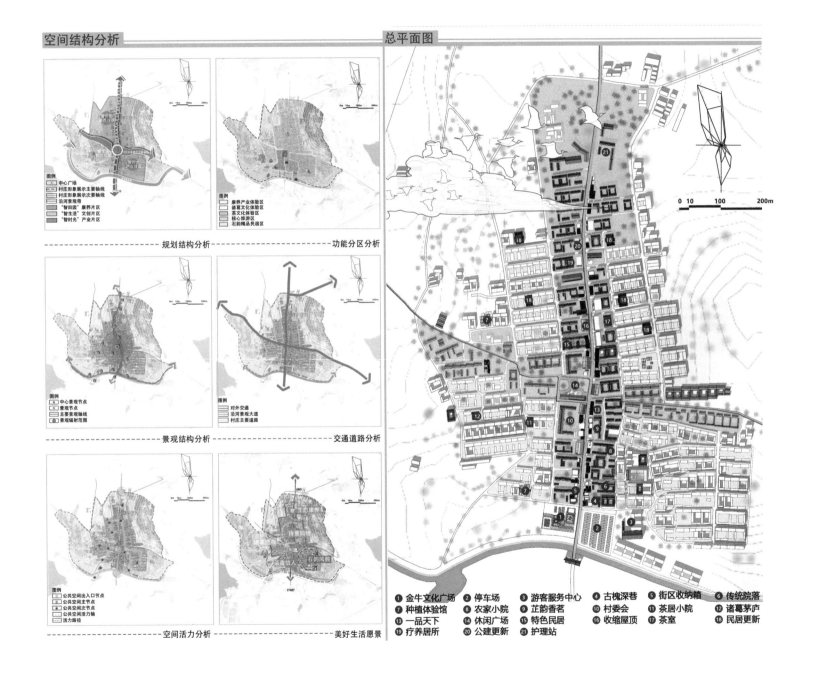

图例
- 中心广场
- 村庄形象展示主要轴线
- 村庄形象展示次要轴线
- 沿河景观带
- "智田园"康养片区
- "智生活"文创片区
- "智时光"产业片区

———— 规划结构分析 ————

图例
- 康养产业体验区
- 诸葛文化体验区
- 茶文化体验区
- 核心旅游区
- 石韵精品民宿区

———— 功能分区分析 ————

图例
- 中心景观节点
- 景观节点
- 主要景观轴线
- 景观辐射范围

———— 景观结构分析 ————

图例
- 对外交通
- 沿河景观大道
- 村庄主要道路

———— 交通道路分析 ————

图例
- 公共空间出入口节点
- 公共空间主节点
- 公共空间次节点
- 公共空间活力轴
- 活力路径

———— 空间活力分析 ————

———— 美好生活愿景 ————

0　10　　100　　　　200m

① 金牛文化广场　② 停车场　③ 游客服务中心　④ 古槐深巷　⑤ 街区收纳箱　⑥ 传统院落
⑦ 种植体验馆　⑧ 农家小院　⑨ 芷韵香茗　⑩ 村委会　⑪ 茶居小院　⑫ 诸葛茅庐
⑬ 一品天下　⑭ 休闲广场　⑮ 特色民居　⑯ 收缩屋顶　⑰ 茶室　⑱ 民居更新
⑲ 疗养居所　⑳ 公建更新　㉑ 护理站

乡村规划设计

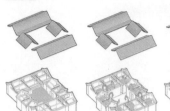

民居建筑更新

改建步骤

重要节点展示

茶道展示   古树·故事

艺术展览   湖畔风光

野菜炖水   泛舟畅游   餐饮风味   小院风情

记录美好   垂钓之趣   天然氧吧   公共广场

建筑更新——收缩屋顶

生活场景——聊天休憩

改建步骤

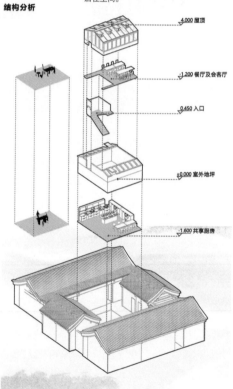

拆除私建
拆除原有庭院中私自搭建的部分，为下一步的提升创造可能。

功能转移
将占据室内居住空间的餐饮部分移植到外部，创造舒适的室内居住空间。

空间微植入
植入院内功能房间，兼作厨房、餐厅和会客厅。

结构分析

4.000 屋顶

1.200 餐厅及会客厅

0.450 入口

±0.000 室外地坪

-1.600 共享厨房

改建步骤

乡村规划设计

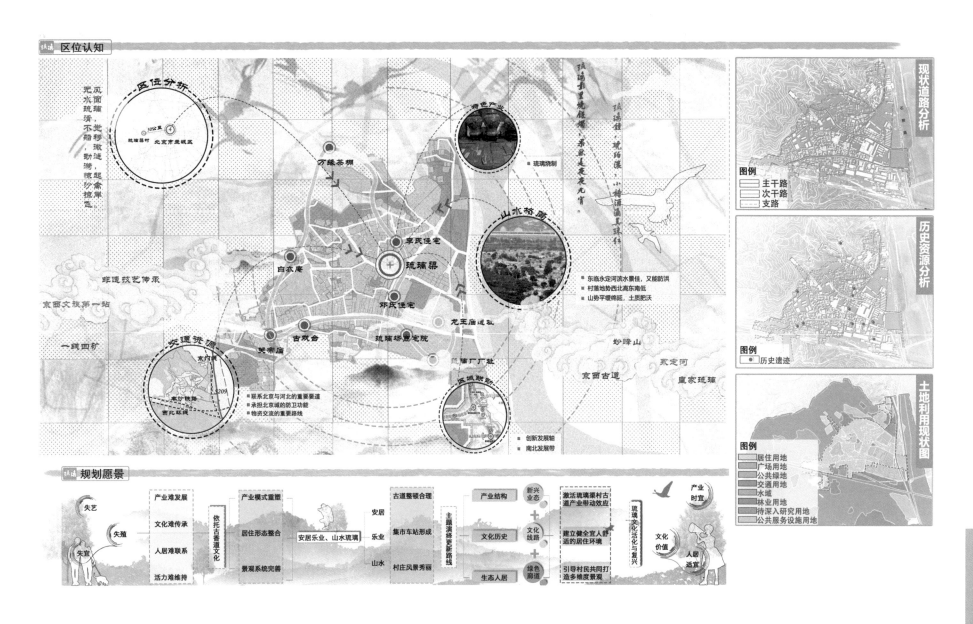

作品名称：琉璃新语，城后花园——城郊融合发展视角下的乡村规划设计　　学生姓名：王梓霖　王多琦　胡凯旋　宋旭东　吴秋敏　　指导教师：梁玮男　李婧

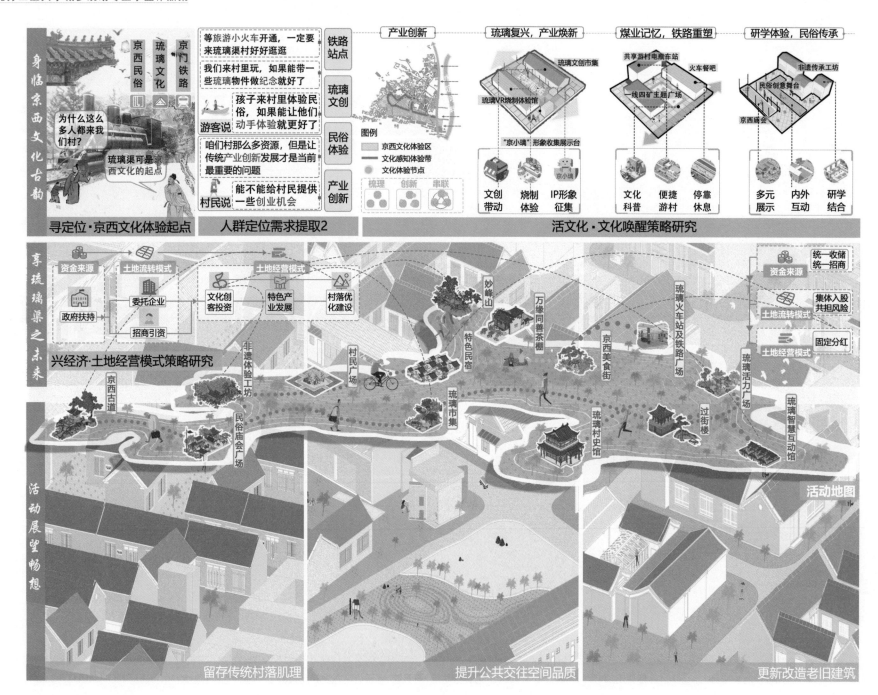

身临京西文化古韵

京西民俗　琉璃文化　京门铁路

等旅游小火车开通，一定要来琉璃渠村好好逛逛

我们来村里玩，如果能带一些琉璃物件做纪念就好了

游客说　孩子来村里体验民俗，如果能让他们动手体验就更好了

为什么这么多人都来我们村？

咱们村那么多资源，但是让传统产业创新发展才是当前最重要的问题

琉璃渠可是京西文化的起点

村民说　能不能给村民提供一些创业机会

铁路站点　琉璃文创　民俗体验　产业创新

寻定位·京西文化体验起点　　人群定位需求提取2

产业创新

图例
京西文化体验区
文化感知体验带
文化体验节点

梳理　创新　串联

琉璃复兴，产业焕新

琉璃文创市集　琉璃VR烧制体验馆　"京小璃"形象收集展示台

文创带动　烧制体验　IP形象征集

煤业记忆，铁路重塑

共享游村电瓶车站　火车餐吧　一线四矿主题广场

文化科普　便捷游村　停靠休息

研学体验，民俗传承

非遗传承工坊　民俗创意舞台　京西庙会

多元展示　内外互动　研学结合

活文化·文化唤醒策略研究

享琉璃渠之未来

资金来源　土地流转模式　土地经营模式
政府扶持　委托企业　文化创客投资　特色产业发展　村落优化建设
招商引资

兴经济·土地经营模式策略研究

资金来源　政府扶持
土地流转模式
土地经营模式　固定分红

统一收储统一招商　集体入股共担风险

非遗体验工坊　京西古道　民俗庙会广场

妙峰山　万缘同善茶棚　特色民宿　京西美食街　琉璃火车站及铁路广场　琉璃活力广场　琉璃智慧互动馆

村民广场　琉璃市集　琉璃村史馆　过街楼

活动地图

活动展望畅想

留存传统村落肌理　提升公共交往空间品质　更新改造老旧建筑

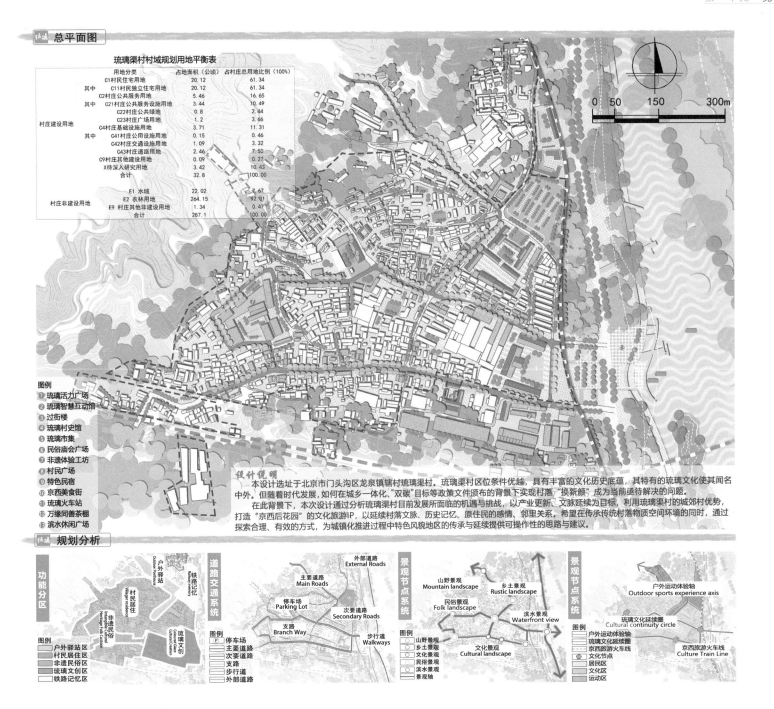

总平面图

琉璃渠村村域规划用地平衡表

用地分类		占地面积（公顷）	占村庄总用地比例（100%）
	C1村民住宅用地	20.12	61.34
其中	C11村民独立住宅用地	20.12	61.34
	C2村庄公共服务用地	5.46	16.65
其中	C21村庄公共服务设施用地	3.44	10.49
	C22村庄公共绿地	0.8	2.44
	C23村庄广场用地	1.2	3.66
村庄建设用地	C4村庄基础设施用地	3.71	11.31
其中	C41村庄公用设施用地	0.15	0.46
	C42村庄交通设施用地	1.09	3.32
	C43村庄道路用地	2.46	7.50
	C9村庄其他建设用地	0.09	0.27
	X待深入研究用地	3.42	10.43
	合计	32.8	100.00
	E1　水域	22.02	7.67
村庄非建设用地	E2　农林用地	264.15	92.01
	E9　村庄其他非建设用地	1.34	0.47
	合计	287.1	100.00

图例
① 琉璃活力广场
② 琉璃智慧互动馆
③ 过街楼
④ 琉璃村史馆
⑤ 琉璃市集
⑥ 民俗庙会广场
⑦ 非遗体验工坊
⑧ 村民广场
⑨ 特色民宿
⑩ 京西美食街
⑪ 琉璃火车站
⑫ 万缘同善茶棚
⑬ 滨水休闲广场

设计说明
　　本设计选址于北京市门头沟区龙泉镇辖村琉璃渠村。琉璃渠村区位条件优越，具有丰富的文化历史底蕴，其特有的琉璃文化使其闻名中外。但随着时代发展，如何在城乡一体化、"双碳"目标等政策文件颁布的背景下实现村落"换新颜"成为当前亟待解决的问题。
　　在此背景下，本次设计通过分析琉璃渠村目前发展所面临的机遇与挑战，以产业更新、文脉延续为目标，利用琉璃渠村的城郊村优势，打造"京西后花园"的文化旅游IP，以延续村落文脉、历史记忆、原住民的感情、邻里关系。希望在传承传统村落物质空间环境的同时，通过探索合理、有效的方式，为城镇化推进过程中特色风貌地区的传承与延续提供可操作性的思路与建议。

规划分析

功能分区

户外驿站
Outdoor Posthouse
铁路记忆
Railway memory
村民居住
Village residence
非遗民俗
Intangible Folk Custom
琉璃文创
Colorful Glazed Cultural Creation

图例
　户外驿站区
　村民居住区
　非遗民俗区
　琉璃文创区
　铁路记忆区

道路交通系统

外部道路
External Roads
主要道路
Main Roads
停车场
Parking Lot
次要道路
Secondary Roads
支路
Branch Way
步行道
Walkways

图例
P　停车场
　主要道路
　次要道路
　支路
　步行道
　外部道路

景观节点系统

山野景观
Mountain landscape
乡土景观
Rustic landscape
民俗景观
Folk landscape
滨水景观
Waterfront view
文化景观
Cultural landscape

图例
　山野景观
　乡土景观
　文化景观
　民俗景观
　滨水景观
　景观轴

景观节点系统

户外运动体验轴
Outdoor sports experience axis
琉璃文化延续圈
Cultural continuity circle
京西旅游火车线
Culture Train Line

图例
　户外运动体验轴
　琉璃文化延续圈
　京西旅游火车线
　居民区
　文化区
　运动区

乡村规划设计

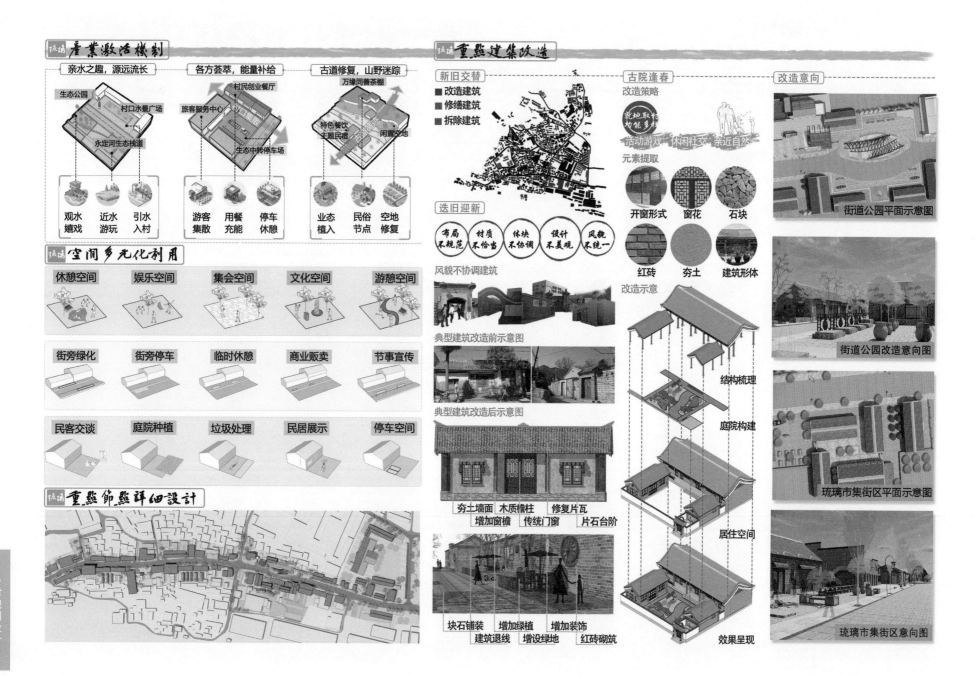

琉璃 产业激活机制

亲水之趣，源远流长
生态公园
村口水景广场
永定河生态栈道

观水嬉戏｜近水游玩｜引水入村

各方荟萃，能量补给
村民创业餐厅
旅客服务中心
生态中转停车场

游客集散｜用餐充能｜停车休憩

古道修复，山野迷踪
万缘同善茶棚
特色餐饮主题民宿
闲置空地

业态植入｜民俗节点｜空地修复

琉璃 空间多元化利用

休憩空间｜娱乐空间｜集会空间｜文化空间｜游憩空间

街旁绿化｜街旁停车｜临时休憩｜商业贩卖｜节事宣传

民客交谈｜庭院种植｜垃圾处理｜民居展示｜停车空间

琉璃 重点节点详细设计

琉璃 重点建筑改造

新旧交替
■ 改造建筑
■ 修缮建筑
■ 拆除建筑

迭旧迎新
布局不规范｜材质不恰当｜休块不协调｜设计不美观｜风貌不统一

风貌不协调建筑

典型建筑改造前示意图

典型建筑改造后示意图
夯土墙面｜木质檐柱｜修复片瓦
增加窗檐｜传统门窗｜片石台阶

块石铺装｜增加绿植｜增加装饰
建筑退线｜增设绿地｜红砖砌筑

古院逢春
改造策略
就地取材 功能多样
活动游戏 休闲社交 亲近自然

元素提取
开窗形式｜窗花｜石块
红砖｜夯土｜建筑形体

改造示意
结构梳理
庭院构建
居住空间
效果呈现

改造意向

街道公园平面示意图

街道公园改造意向图

琉璃市集街区平面示意图

琉璃市集街区意向图

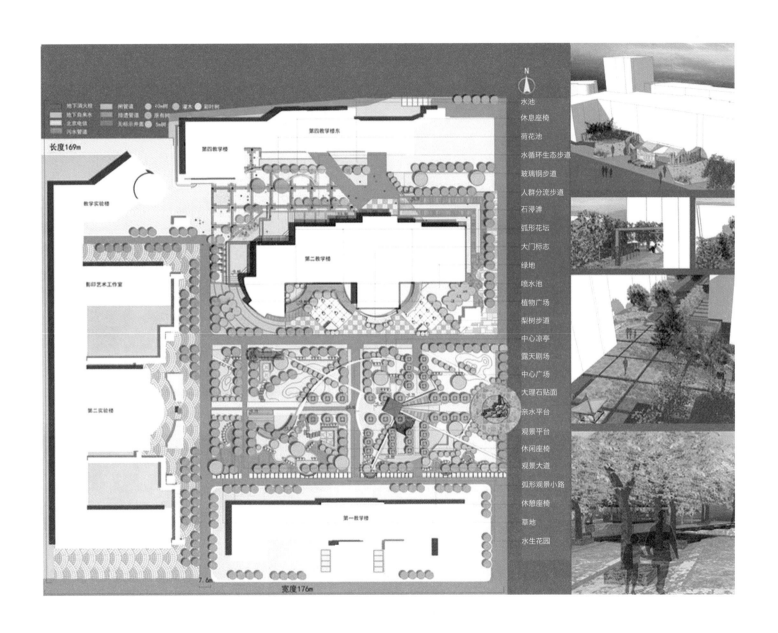

作品名称：荷兰风车——海绵社区景观设计　　学生姓名：刘劲芳　　指导教师：张勃

■ 人流分散步道效果图

■ 第二教学楼西南面植物压膜广场平面图

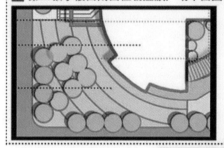

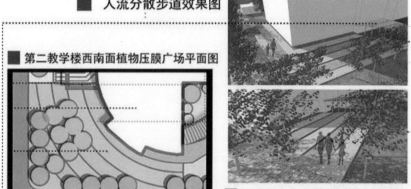

■ 花园中部水生花园设计平面图

水生花园（Rain Graden）是指在地下设置储存土地和植物吸收不了的多余水分的储水作用装置的花园。在地表设置可利于中水渗透到地下的材质，方便收集多余地表水分。处于地下的储水循环设施会将收集到的中水进行净化处理，最终生成可以再利用的水质，从而达到水循环利用的目的，十分渴望可以将此先进的环保设施首先运用于我校当中，北方工业大学地势低洼，雨季容易造成大量积水，引发局部洪灾，所以这一设计对于我校情况十分有帮助。

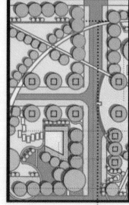

■ 第二教学楼南门出入口设计平面图

第二教学楼作为一栋主楼台阶直接可以跨到二层的教学楼来说，是"北京某高校"里面气势恢宏的教学楼，景观设计的使命就是为了建筑和环境服务，此设计廊架和弧形的玻璃铜门牌标示是为了强调主入口的意义，更好的衔接二教高耸的台阶截周围的景观植物广场。景观设计就是连接建筑和直接自然之间的灰色地带。

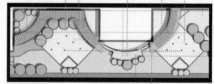

■ 第二教学楼南门两侧灯柱日间示意图

■ 第二教学楼南门两侧灯柱晚间示意图

设计说明

本次项目改造的场地位于北京市石景山区，场地南邻时代花园南路、北邻时代花园北路，东西两侧为居民住区。设计对整个场地园路进行重新梳理，创造出不同的功能空间。设计引入了都市农业的概念，探索出一套适合城市农业发展的作物种植系统，让周边居民可以亲自参与到农业生产的活动中来，增加了场地的使用率。改造后的场地以农业种植、农业知识教育为主要功能，并且将休闲、娱乐、交流活动等功能合理地融入进来，使整个场地功能多样化，变得更富有活力，成为居民可亲近的场地。

景观规划设计

作品名称：城市逆生长——社区农业景观设计　　学生姓名：王予芊 毕嘉思 李彬 丁文蓓　　指导教师：商振东

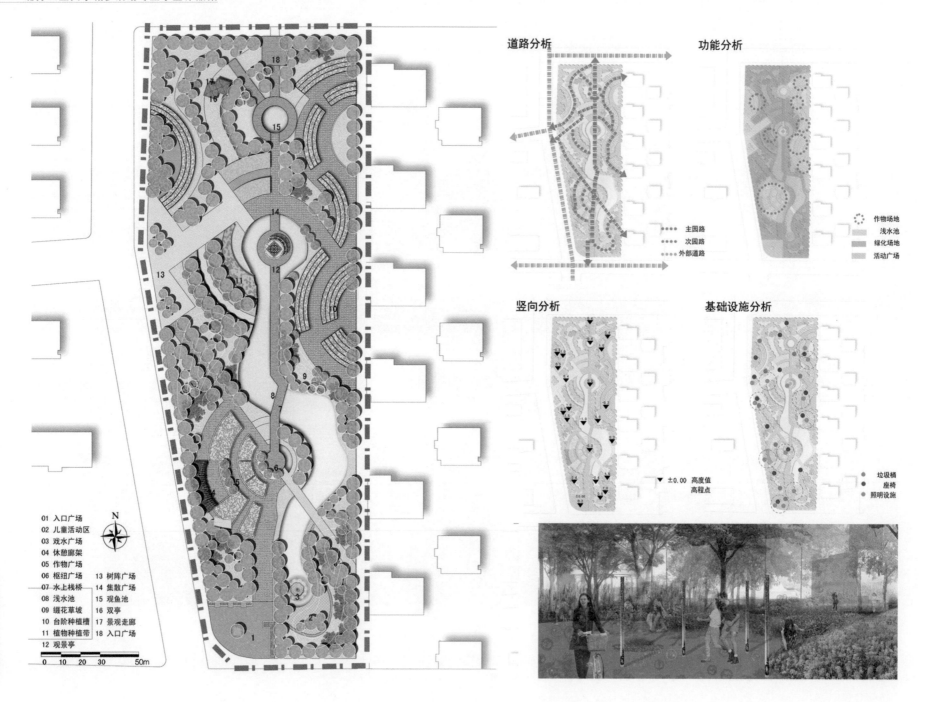

道路分析

功能分析

•••• 主园路
•••• 次园路
•••• 外部道路

⟡ 作物场地
浅水池
绿化场地
活动广场

竖向分析

基础设施分析

▼ ±0.00 高度值
高程点

● 垃圾桶
● 座椅
● 照明设施

01 入口广场
02 儿童活动区
03 戏水广场
04 休憩廊架
05 作物广场
06 枢纽广场　13 树阵广场
07 水上栈桥　14 集散广场
08 浅水池　　15 观鱼池
09 缀花草坡　16 双亭
10 台阶种植槽　17 景观走廊
11 植物种植带　18 入口广场
12 观景亭

N

0　10　20　30　　50m

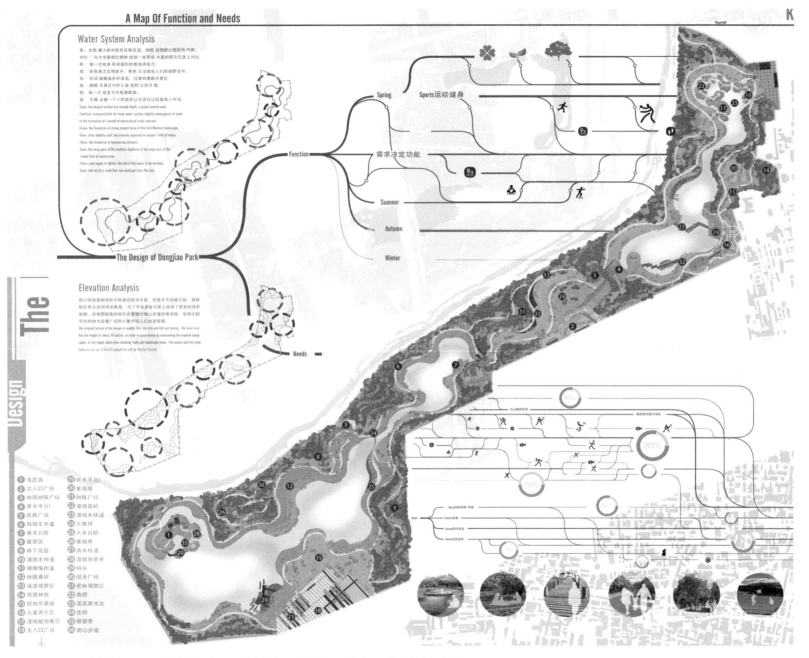

A Map Of Function and Needs

Water System Analysis

开：全园 最大的水面有足够进深，烘托 出荒野公园宏伟 气势。
对比：与大水面相比稍狭 收这一波形成 丰富的层次尺度上对比。
收：第一次收束南成强烈的景观冲击力。
开：在收束之后稍庄开，紧色 又出现在人们的视野当中。
收：形成 蜿蜒曲折的溪流，过渡到南部水景区。
开：南部 水景区中的大面积视野比较开阔。
收：再一次收束为水尾来铺垫。
尾：水尾 出做一个小的放开让水流可以轻易地入中河。
Open: the largest surface has enough depth, a grand country park.
Contrast: compared with the large water surface slightly consequence of some of the formation of a wealth of hierarchical scale contrast.
Close: the formation of strong impact force of the first Western landscape.
Open: after slightly open, the scenery appeared in people's field of vision.
Close: the formation of meandering streams.
Open: the large area of the southern features of the large area of the visual field of topocamum.
Close: water again to tighten the end of the water to do-holding.
Open: tail-out of a small flow can easily get onto the river.

The Design of Dongjiao Park

Elevation Analysis

设计地块原始地形大体来说较为平缓，但是并不枯燥无味。局部地区有大约30米的高度，为了节省造价大体上保持了原有的地形地貌。在地势较高的地方设置慢行爬山步道和景观塔。地势比较平坦的地方设置广场和大草坪供人们休息停留。
The original terrain of the design is roughly flat, but it is not dull and boring. The local area has the height of about 30 meters, in order to save money by maintaining the original topography. In the higher plain view climbing trails and landscape tower. The square and the large lawn are set up to rest for people to rest on the flat terrain.

Spring　Sports运动健身

Function　需求决定功能

Summer

Autumn

Winter

Needs

① 生态岛　　⑲ 亲水平台2
② 次入口广场　⑳ 景观塔
③ 林荫树阵广场　㉑ 树阵广场
④ 亲水平台1　㉒ 湿地岛岭
⑤ 庆典广场　㉓ 湿地木栈道
⑥ 自相车步道　㉔ 大草坪
⑦ 亲水台阶　㉕ 入水台阶
⑧ 露营区　　㉖ 景观亭
⑨ 林下花园　㉗ 滨水栈道
⑩ 湿地木栈道　㉘ 湿地观景亭
⑪ 健康慢跑道　㉙ 码头
⑫ 林荫草坪　㉚ 健身广场
⑬ 溪流观赏区　㉛ 密林观赏区
⑭ 观赏林地　㉜ 曲桥
⑮ 微地形草坡　㉝ 溪流亲水台
⑯ 儿童游乐区　㉞ 连桥
⑰ 湿地植物展示　㉟ 缎缨亭
⑱ 主入口广场　㊱ 爬山步道

作品名称：北京东郊森林公园一期改造设计　　学生姓名：武姜行 王婉晴　　指导教师：彭历

景观规划设计

Design Specification

本方案针对位于通州、朝阳和顺义三区交界地带的东郊森林公园一期地块进行景观规划与设计，改善该地块内目前存在的环境问题，为市民们创造一个可以缓解压力，放松心情的郊野游园。明确公园的定位，了解郊野公园的概念的同时，在现状调查的基础上分析该片区存在的问题，在规划和设计中解决问题。本设计共三个部分，第一个部分是对现状的分析，第二个部分是对园区的总体规划，第三个部分是相关细节的展示。东郊森林公园由于其地理位置的特殊性，能够防止城市扩张，保持城市合理的空间结构，保护人文和自然资源，保障城市的生态环境的同时，给居民提供一个近距离休闲娱乐、观光旅游的场所。

This project is about the landscape planning and design of Beijing Eastern Suburb Country Park which located in the border of Tongzhou, Chaoyang, Shunyi district in Beijing, China. Aiming at solve the present problems and improve the environment quality, the Beijing Eastern Suburb Country Park would be a relaxing place for citizens.Comprehending the position of the object, meanwhile, realizing the concept about the country park can be a great help to this project.All of the analysis about the objects based on the status survey and solved by the plan and design.This project divided into three parks, including the status analysis, the overall planning and a part of details about the design.Because of the special location of the Beijing Eastern Suburb Country Park, this park can remain the rational structure of the city and prevent it from expanding immoderately. Moreover, the park would also play an important role in protecting human and natural resources, keeping the ecological environment of the city steadily and offering the citizens a relaxing and sightseeing place.

Stage1 (2013-2015)

Stage2 (2015-2018)

从东郊森林公园的尺度层面上来说，通过森林公园的建设可以有效改善周边居民的生活水平。也可以提升周边绿地的质量，并拓荒地建设园林景观，改善周边水环境现状河道治理。

In the Dsongjian forest park scale level, through the construction of forest park can effectively improving the surrounding residents living standards. Can also improve the quality of the surrounding environment. Open up wasteland to build landscape landscape, improve the water environment of the surrounding River governance.

随着东郊森林公园整体的建成将有效的带动起周边绿地体系的发展。为当地居民提供了一个良好的生活环境，有助于改善气候。绿地体系的建成有效的将原先破碎的孤立的绿地串联在了一起成为一个整体。

With the development of the eastern suburbs of the whole Forest Park will effectively drive the surrounding green space system. To provide a good living environment for local residents to improve the climate. The green system is built to effectively break the original isolated green space in tandem to become a whole.

Stage3 (2018-2020)

从北京市正在规划当中的四大郊野公园体系层面上来看，随着东郊森林公园一期的建成将带动其他三个方向的森林公园协同发展，为北京市民的蓝天贡献出一份力量，改善人们的生活水平。为人们提供更加优良的休闲空间。

From the perspective of the system of the four major country parks in Beijing city. With the eastern outskirts of Forest Park completed the first phase of driving the other three directions of Forest Park collaborative development. The blue sky of the people of Beijing contributed a power to improve people's living standards. Provide more leisure space for people.

Stage4 (2020-2025)

从京津冀的层面上来看，随着北京的发展政府部门越来越重视京津冀地区环境的协同发展。北京作为一个特大城市其森林公园体系的建设可以带动周边地区的绿地体系建设。

From the perspective of Beijing, Tianjin, with the development of the government in Beijing, Tianjin and the development of the region more and more attention to the collaborative development of Beijing, Tianjin and regional environment. The blue sky of Beijing is not just a change in the environment of a Beijing. Need to work hard around the region. The construction of the Forest Park system in Beijing as an extra large city can drive the construction of green space system in the surrounding areas.

景观规划设计

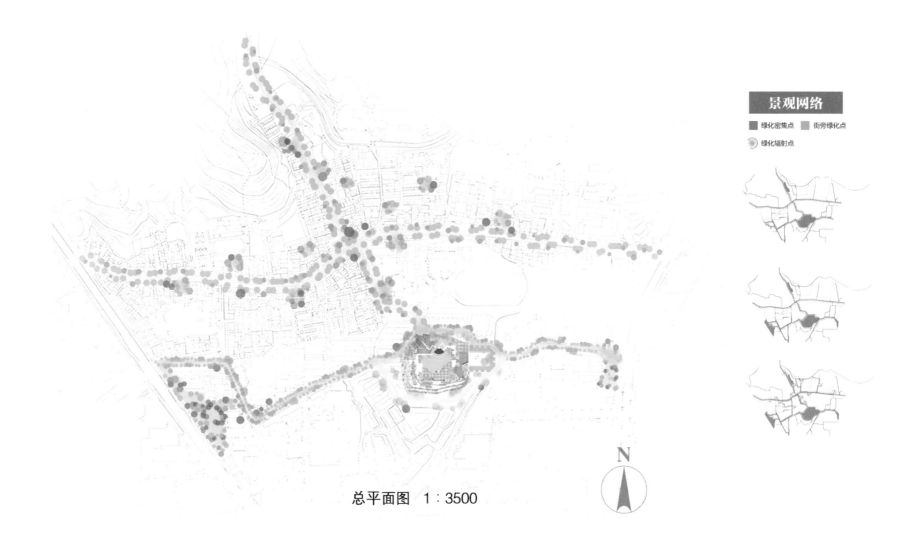

景观网络

绿化密集点　　街旁绿化点

绿化辐射点

总平面图　1：3500

N

作品名称：浴荫古道·京西绿廊　　　学生姓名：杨烁　杨万里　韩羽　王紫麟　陈赵童　　　指导教师：杨鑫

浴荫古道·京西绿廊 2

广场平面图 1：300

节点分析

总平面图

① 老人活动广场
② 儿童游乐广场
③ 小区入口小广场
④ 树地广场
⑤ 入口景观广场
⑥ 咖啡厅
⑦ 绿地中心主广场
⑧ 餐厅
⑨ 坡道螺旋广场
⑩ 下沉式入口走廊
⑪ 活动小广场
⑫ 雕塑文化广场与跌水景观
⑬ 入口跌水景观
⑭ 喷泉水池
⑮ 开放入口

节点一 平面图　　节点一 效果图　　节点一 剖面图 1:150
节点二 平面图　　节点二 效果图　　节点二 剖面图 1:150
节点三 平面图　　节点三 效果图　　节点三 剖面图 1:150
节点四 平面图　　节点四 效果图　　节点四 剖面图 1:150
节点五 平面图　　节点五 效果图　　节点五 剖面图 1:150
节点六 平面图　　节点六 效果图　　节点六 剖面图 1:150

设计说明

　　望京科技商务区中心绿地整个设计运用了曲线、圆、直线这三个结构元素，居住区绿地部分主要以柔和的曲线为主，营造出温馨的氛围。其中中央广场的设计融入了"化茧成蝶"的蜕变过程，展现了大望京由农村到城市的华丽转变。

　　中心广场形象地运用了蝴蝶的形状，并利用铺装与植物围合出一个开放的广场。利用北小河的水源优势，将水从绿地北引入中心绿地，绿地中利用水体，采用跌水、喷泉等手法丰富景观。使人与景观充分地互动起来，提高绿地利用率，带动周边活力，给使用者带来幸福感。

比例尺：

作品名称：望京科技商务区中心绿地设计——蝶变　　学生姓名：姚窈　　指导教师：杨鑫

景观规划设计

局部③ 分析

鸟瞰图

说明

局部④ 分析

局部⑤ 分析

局部⑥ 分析

景观规划设计

望京·印象 Wangjing·Impression

望京科技商务区中心绿地设计

休憩座椅   景观木桥   枯水景石

Situation analysis

交通流线

人流主要来源

主干道
次干道
公园小路

■基地与周围建筑、绿地等之间的道路为基地的主干道，也是进入基地的主路径，人、车可通行。
■绿地设计区域与周边建筑之间的道路为基地次干道，可人车通行。
■万和公馆与绿地设计区域之间的道路为小路，只可供人通行。

主要来源
次要来源

■项目基地的人流主要来源是由宏泰东街和基地北口进入，次要来源是由基地东北口、东南口以及西南口进入。
■来往人群主要是附近居民、周边商业建筑中工作人员和外来旅游人群等。

现状空间结构

开放空间
半私密空间
私密空间

■视线开阔，没有其他事物遮挡，可以使人清晰的观察四周景物，在场地内符合该情况的被划分为开敞空间。视野被景物遮挡或被植物围合出特定空间，符合该情况的场地被划分为私密空间，而半私密空间是空间结构的一种过渡，介于其他两种空间结构之间。

现状资源

绿地资源
水系资源

■望京村由于发展建设，周边及地块所保留的绿地资源受到城市化的影响，逐渐减少，可供人们欣赏休憩的景观也逐渐消失，仅有的望京公园是这一地区仅有的休闲公共空间。
■北小河是周边唯一的水系资源，由于淤泥扩散、垃圾入河、黑水排放，现被污染。

功能定位 Functional orientation

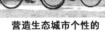

科学筑城理念下的
——国际城

高品质，跳动时代脉搏的
——文化城

营造生态城市个性的
——生态城

国际   生态   人文

以国际科技总部经济为发展对象
以科技与生态为建园手段
以文化气息为园区的活力源

鸟瞰图 Aerial view

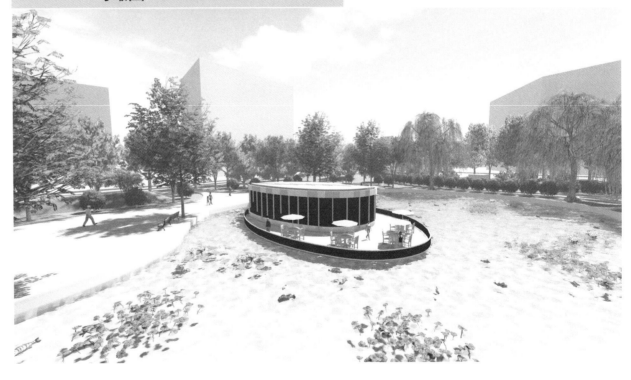

作品名称：望京·印象——望京科技商务区中心绿地设计   学生姓名：赵佳   指导教师：杨鑫

景观规划设计

节点设计　Node Design

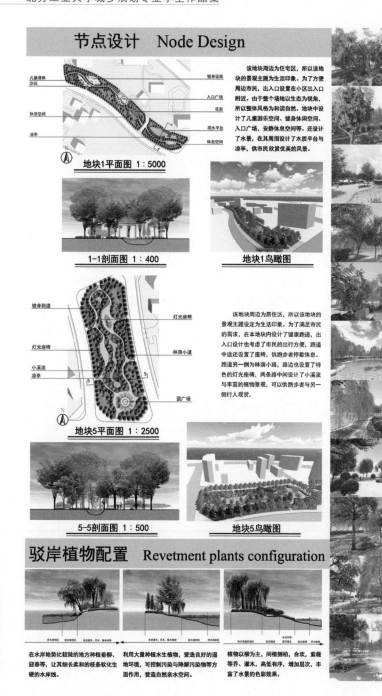

地块1平面图 1：5000

1-1剖面图 1：400

地块1鸟瞰图

该地块周边为住宅区，所以该地块的景观主题为生活印象。为了方便周边市民，出入口设置在小区出入口附近。由于整个场地以生态为视角，所以整体风格为和谐自然。地块中设计了儿童游乐空间、健身休闲空间、入口广场、安静休息空间等，还设计了水景，在其周围设计了木质平台与凉亭，供市民欣赏优美的风景。

地块5平面图 1：2500

该地块周边为居住区，所以该地块的景观主题设定为生活印象。为了满足市民的需求，在本地块内设计了健康跑道，出入口设计也考虑了市民的出行方便，跑道中途还设置了座椅，供跑步者停歇休息。跑道另一侧为林荫小道，路边也设置了特色的灯光座椅，两条路中间设计了小溪流与丰富的植物景观，可以供跑步者与另一侧行人观赏。

5-5剖面图 1：500

地块5鸟瞰图

驳岸植物配置　Revetment plants configuration

在水岸地势比较陡的地方种植垂柳、迎春柳，让其细长美的枝条软化生硬的水岸线。

利用大量种植水生植物，营造良好的湿地环境，可控制污染与降解污染物等方面作用，营造自然亲水空间。

植物以柳为主，间植柳树、合欢、紫薇等乔、灌木，高低有序，增加层次，丰富了水景的色彩效果。

总平面图　Master Plan

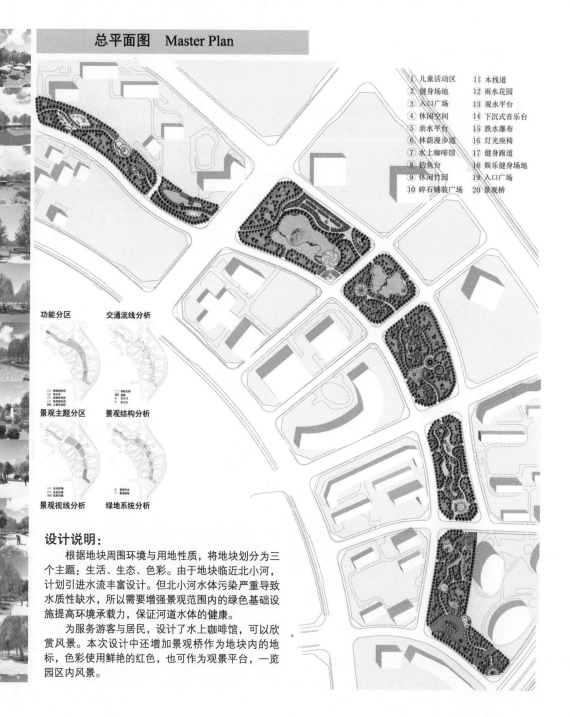

① 儿童活动区　　⑪ 木栈道
② 健身场地　　　⑫ 雨水花园
③ 入口广场　　　⑬ 观水平台
④ 休闲空间　　　⑭ 下沉式音乐台
⑤ 亲水平台　　　⑮ 跌水瀑布
⑥ 林荫漫步道　　⑯ 灯光座椅
⑦ 水上咖啡馆　　⑰ 健身跑道
⑧ 钓鱼台　　　　⑱ 娱乐健身场地
⑨ 休闲竹园　　　⑲ 入口广场
⑩ 碎石铺装广场　⑳ 景观桥

功能分区　　　交通流线分析

景观主题分区　景观结构分析

景观视线分析　绿地系统分析

设计说明：

根据地块周围环境与用地性质，将地块划分为三个主题：生活、生态、色彩。由于地块临近北小河，计划引进水流丰富设计。但北小河水体污染严重导致水质性缺水，所以需要增强景观范围内的绿色基础设施提高环境承载力，保证河道水体的健康。

为服务游客与居民，设计了水上咖啡馆，可以欣赏风景。本次设计中还增加景观桥作为地块内的地标，色彩使用鲜艳的红色，也可作为观景平台，一览园区内风景。

厂房重生 土地传承 —— 一渡河精品轻奢酒店景观设计

\ 网络化布局结构

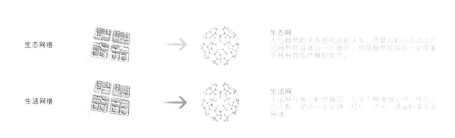

生态网络

生态网
人与自然的关系是相偶的关系。尽管人的行为活动会对自然界境进行一些破坏，但是自然界境在一定作用下具有自我修复的能力。

生活网络

生活网

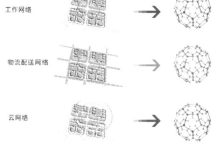

工作网络

工作网
工作网络构架在城市的中层，普遍在三层的构架体系中。这里承载着城市的繁华与热闹，也可以闻到下面世界泥土的芬芳，拥有短暂的迷离。

物流配送网络

物流港配送网
物流网——小而高效的物流处理能力，网+点的分布方式。
传送网——减少货车、快递车对城市交通的影响，增加物品送达的安全性。

云网络

物流港配送网
数据信息收集管理平台——网+核分布方式（由最佳辐射半径决定）。
互联网+云数据网+传感网共同构成未来的物联网。

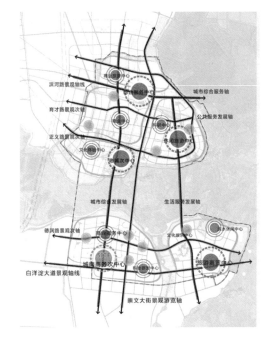

\ 对白洋淀科技新城的目标定位

政策要素——多级政策扶持，构建环首都城市群
安新县地处京津冀城镇群核心辐射圈层，河北省两环一带区域发展战略中，将安新纳入环首都经济圈层，承接首都功能疏解。

区位要素——立足区域发展，促进京津冀联动
安新县地处京津冀城镇群核心辐射圈层，位于京石走廊沿线，有利于主动承接京津功能辐射和产业转移，承担首都职能分工，加速首都经济圈建设与区域经济一体化发展。

生态要素——梳理景观格局，挖掘环境价值
白洋淀地区在区域生态格局中地位极其重要，是华北地区最大的湿地生态系统，是华北地区的"空调器""晴雨表"，对于维护华北地区生态环境具有不可替代的作用，被誉为"华北明珠""华北之肾"。

文化元素——整合历史遗存，提高文化品质
安新县历史文化底蕴深厚，红色文化、水乡民俗文化、地方饮食文化等享誉已久，要融入现代元素，更要保护和弘扬传统优秀文化，延续城市历史文脉，融入让群众生活更舒适的理念，让居民望得见山、看得见水、记得住乡愁。

作品名称：厂房重生 土地传承———一渡河精品轻奢酒店景观设计　　　学生姓名：朱柳慧 刘璐 鹿益 张珍宁 孙安其　　　指导教师：李婧

景观规划设计

活动分析
ACTIVITY ANALYSIS

FOREST SPACE
林下空间

WATERFRONT WETLAND
水岸湿地

MOUNTAIN WILDERNESS
山间原野

ARCHITECTURAL SPACE
建筑空间

依托基地原有自然景观要素"山、水、林"，以及改造后的酒店空间，为游客提供丰富多彩的感官体验，焕发基地的乡土活力。

RELYING ON THE ORIGINAL NATURAL LANDSCAPE ELEMENTS OF THE BASE, PROVIDE VISITORS WITH A VARIETY OF SENSORY EXPERIENCE.

剖面图
SECTIONS

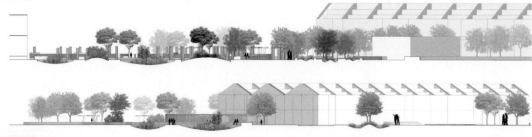

透视图
PERSPECTIVES

节点分析

露天茶座区

坐凳　景观盆景　茶座

露天茶座区

景观小品　步道　水池　亲水平台

露天茶座区

曲线园路　水池小品　生态景观

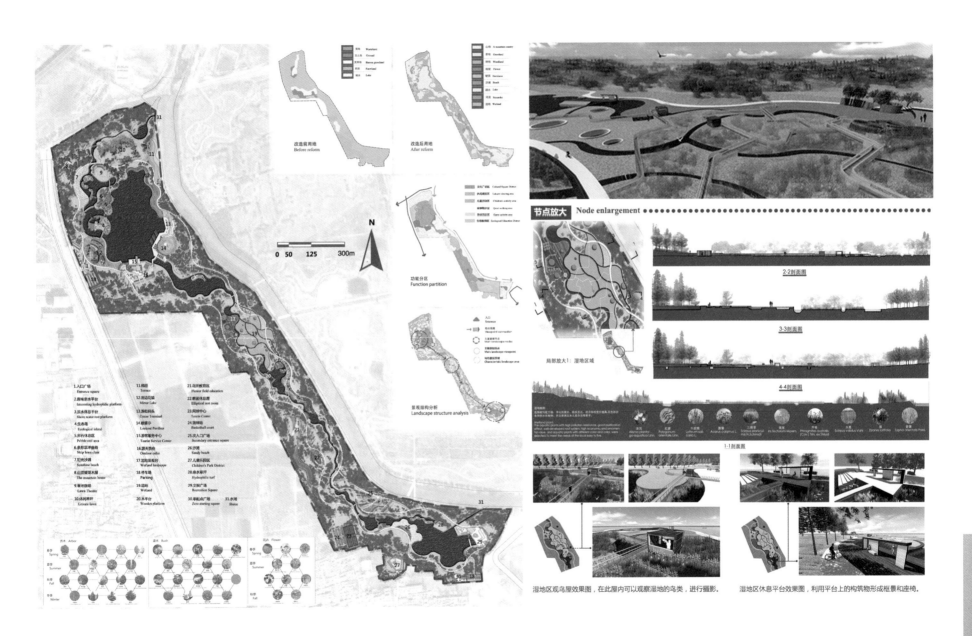

作品名称：共生——北京东郊森林公园景观设计　　学生姓名：秦婧　　指导教师：彭历

景观规划设计

总体鸟瞰 General view

驳岸设计 Revetment design

园内活动 Park activity analysis

五种驳岸分布图
Five kinds of revetment
distribution map

景观规划设计

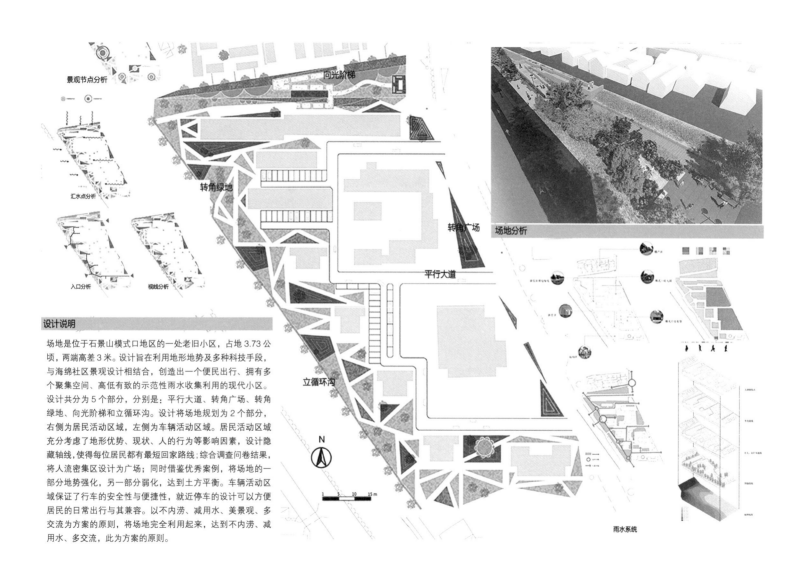

景观节点分析

向光阶梯

汇水点分析

转角绿地

转角广场

平行大道

入口分析   视线分析

场地分析

设计说明

场地是位于石景山模式口地区的一处老旧小区，占地 3.73 公顷，两端高差 3 米。设计旨在利用地形地势及多种科技手段，与海绵社区景观设计相结合，创造出一个便民出行、拥有多个聚集空间、高低有致的示范性雨水收集利用的现代小区。设计共分为 5 个部分，分别是：平行大道、转角广场、转角绿地、向光阶梯和立循环沟。设计将场地规划为 2 个部分，右侧为居民活动区域，左侧为车辆活动区域。居民活动区域充分考虑了地形优势、现状、人的行为等影响因素，设计隐藏轴线，使得每位居民都有最短回家路线；综合调查问卷结果，将人流密集区设计为广场；同时借鉴优秀案例，将场地的一部分地势强化，另一部分弱化，达到土方平衡。车辆活动区域保证了行车的安全性与便捷性，就近停车的设计可以方便居民的日常出行与其兼容。以不内涝、减用水、美景观、多交流为方案的原则，将场地完全利用起来，达到不内涝、减用水、多交流，此为方案的原则。

立循环沟

N

1 5 10 15 m

雨水系统

作品名称：旧雨新知——模式口地区老旧小区景观规划设计　　学生姓名：王楠 耿超 宁晓笛 赫天缘 赵世元　　指导教师：杨鑫

景观规划设计

效果图

植物种植表

景观规划设计

一渡河滨水区景观设计

本次设计主题是农业创造更大价值。把农业与景观结合，滨水与景观结合。通过多种多样的方式，例如创意果园、采摘果园、文化果园等，将传统农业与现代景观融合，形成富有多层次的生态景观，以提升一渡河村庄的社会价值。通过富于变化的滨水设计，例如湖、岛、潭、溪等，将多层次、多分区的滨水融入景观，形成功能分区明确的滨水景观带。

The design theme is to create higher value of agriculture. The combination of agriculture and landscape, waterfront landscape and combination. Through a variety of ways, such as creative orchard, picking orchard, cultural orchard, the fusion of traditional agriculture and modern landscape, forming a rich layers of ecological landscape. To enhance the social value of a river crossing the village. The rich waterfront design changes, such as lake, island, lake and river, the multi-level partition of the waterfront into the landscape, with the formation of functional area clear of the waterfront landscape.

1 入口
2 建筑
3 景观游览道
4 活动广场
5 生态岛
6 木栈道
7 阳光草坪
8 生态湿地
9 停车场
10 果园
11 观光道
12 景观花带

N

0 50 100 200

景观规划设计

作品名称：一渡河滨水区景观设计　　学生姓名：胡凯富　　指导教师：秦柯

概念设想__Concept Idea

创建具有循环的生态景观模式来满足人类与自然的发展需求。
Create a cycle of ecological landscape patterns to meet the demand of the development of human and nature.

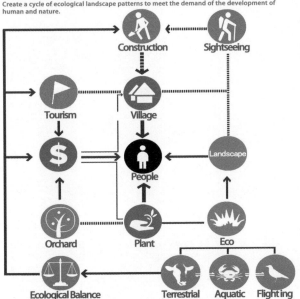

主题区景观设计__Landscape Subject Area

主题区景观设计以果园和一渡河为主要基础，设计成农业景观与滨水景观。首先，农业景观通过多样化的果园设计形成具有经济效益的项目，能够为当地居民提高经济产值。其次，本项目由于一渡河贯穿此处，所以滨水区也作为设计的重点，多样化的滨水设计是景观设计的基础，通过多样化设计使得游人能够享受其中，有不同的惊奇乐趣。
Area landscape design theme to orchard and a crossing the river as the main base, become the agricultural landscape and waterfront landscape design. First of all, the agricultural landscape formed by diversified orchard design has the economic benefits of projects, can enhance economic output for the local residents. Second, the project is due to a cross a river running through here, so also as a focal point of design of waterfront diverse waterfront design is the basis of landscape design, through diversification design enables visitors to enjoy them, have different surprise.

滨水区Waterfront

滨水游玩
Waterfront play

滨水区，可以建造亲水栈道、小码头等来增加游玩项目，多种类的滨水体验可以增进人们对于水的亲近感，能够使得游人愿意多次来访滨水游玩，从而发展成极具吸引力的场地。
Waterfront, can build footway, hydrophilic small pier to visit more projects, such as variety of waterfront experience can improve people for water affinity, can make visitors want to visit many times, thus forming was the site of the extremely attractive.

滨水区Waterfront

观光渔业
Sightseeing fishery

利用自然优势，将部分河流圈地作为鱼塘，营造具有休闲娱乐功能的农家乐气氛，使得场地的设计具有丰富性，适应更多人群来此处玩要游览。
Using natural advantage, will be part of the river enclosure as fish ponds, forming a leisure entertainment delicious atmosphere, make the design of field have richness, adapt to more people to play around here.

滨水区Waterfront

湿地景观
Wetland landscape

在场地设计范围两侧设置生态湿地景观区，可以与其他滨水区相互衔接，形成具有分段分区的景观效果，湿地景观能够提高游人的生态意识，普及人们的文化教育。
In design scope of both side of the field set up the ecological wetland landscape area, can join each other with other waterfront, formed with piecewise partition landscape effect, wetland landscape can improve the tourist ecological consciousness, popularize people's culture and education.

景观规划设计

●滨水区景观节点效果图__Waterfront landscape renderings

滨水景观区以游憩娱乐活动为主，兼生态教育功能。通过多样化的滨水
设计来提高滨水价值，增加游人亲水性、游玩性。
Waterfront landscape area dominated by recreational recreational
activities, and the ecological function of education. To improve the
waterfront waterfront design value through diversification, increase
the hydrophilicity of visitors.

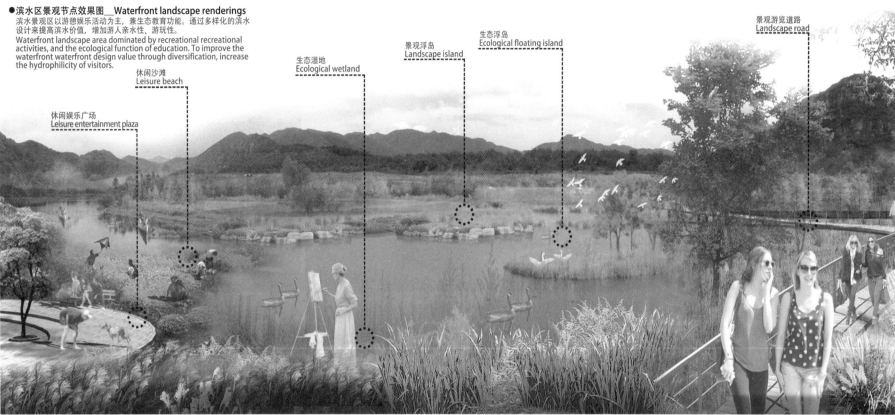

休闲娱乐广场
Leisure entertainment plaza

休闲沙滩
Leisure beach

生态湿地
Ecological wetland

景观浮岛
Landscape island

生态浮岛
Ecological floating island

景观游览道路
Landscape road

● 生态设计__Ecological Design

自然景观野趣保留

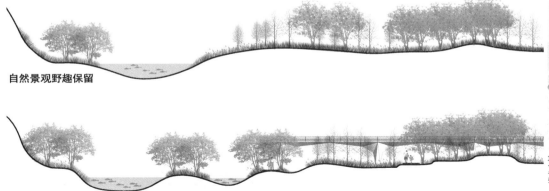

农田、果园、渔业与游览景观桥结合

分区与设施__Partition And Facilities

基于以上分析研究，使得每个分区都具有各自特色且设置能满足需求的基础设施，如广
场、道路以及建筑等，每个分区没有明确界限，能够相互融合。
Based on the above analysis and research, make each partition has respective
characteristics and set can meet the demand of infrastructure. Such as square,
roads, and buildings, etc. Each partition is no clear boundaries, can mutual
fusion.

功能分区__Added Infrastructure
一渡河滨水区景观的设计具有明确的分区，这是满足
各类人群的需求，如生态文化区、活动娱乐区等，这
些分区是依据地形河流等来划分。

景观分区　Landscape Partition
通过一渡河沿边展开，节点布置与沿河处可以形成画
卷式的景观画面。在场地内部中，通过景观道的半围
合与节点结合，形成内部的景观结构。两条沿线与节
点融合便形成本项目的景观结构。

景观规划设计

局部效果图

鸟瞰效果图

1农业景观
2树林
3芦苇荡
4绿篱
5休闲广场
6亲水木栈道
7景观岛
8亲水平台1
9亲水平台2
10滨水公路
11健身步道
12自行车道

总平面图　1∶3000

N

景观规划设计

作品名称：北京永定河（首钢段）滨水区景观规划与设计　　学生姓名：潘潇　贾钎楠　牟芙蓉　王玮　单海楠　　指导教师：商振东

第二单元 优秀作品

一年级
二年级
三年级
四年级

起承转合
——造·木构综合·空间节点

设计说明

　　木造从起转回环的折线形状构成立体结构可多维度延展空间得到灵感，造型整体由三个完整构件在空间上纵横错落构成，三个构件又分别由长短不一的木条组合在一起，通过榫卯结构连接。木造用到的榫卯结构只有两根木条连接和三根木条连接两种。

　　三个构件构成的整体在纵向空间上按等差序列高差分明，满足小孩、成人、老人等各类人群在此空间中跨、坐、扶、蹲、靠等各种行为活动，同时也给去他们带去不同的心理感受；在横向空间上垂直交错，形成丰富的平面空间和悬挑空间，让人的活动范围和视野范围有开阔、有遮蔽，满足人们的开放和半隐私行为。同时，整体空间结构起承转合、错落有致，又颇具几何形态，在阳光下形成丰富的光影效果，十分诙谐有趣。

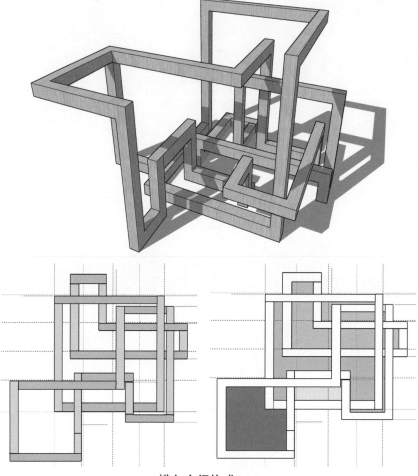

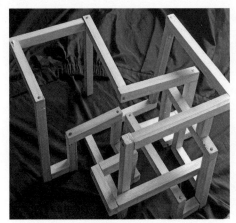

模型图片1　　　　　　　　模型图片2

教师点评

　　该设计为一年级下学期木造设计，设计中以回状的线性结构作为单元体，将一定的逻辑关系组织在一起。该设计空间层次较为丰富，空间形态错落有致，空间逻辑关系清晰，较为恰当地运用了榫卯节点构造，图纸表达完整清晰，较好地完成了一年级课程训练要求。

横向空间构成

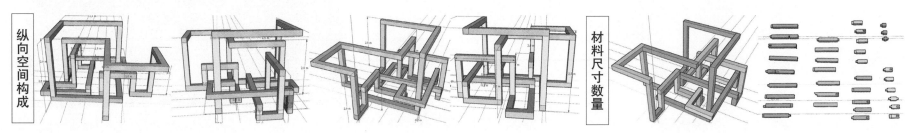

纵向空间构成

材料尺寸数量

学生姓名：彭祥敏　　指导教师：蒋玲　李鑫

一年级

起承转合
——造·木构综合·空间节点

构件 1　　　　　　构件 2　　　　　　构件 3　　　　　　整体构成

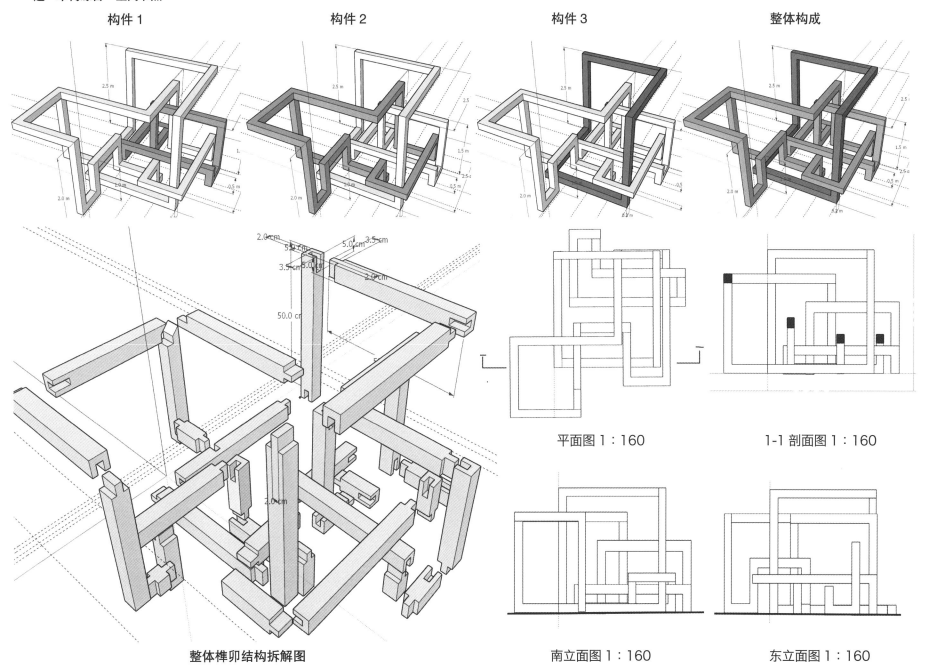

整体榫卯结构拆解图

平面图 1：160

1-1 剖面图 1：160

南立面图 1：160

东立面图 1：160

叠榭
综合造设计

设计说明

本方案场地位于玉渊潭公园的滨水区域,主要的服务人群是前来观赏的游客。该设计整体由三部分构成,高低错落,相互穿插,个体之间联系密切。

设计功能在满足了停留与休息的同时,又具有一定的观赏作用。木质结构与周围植被茂密的生态环境相得益彰,并且通过阳光照射,不仅镂空部分可以制造出丰富的光影效果,还可以通过湖面的反射,呈现出该景观小品的倒影。

设计理念所强调的不仅仅是其与人之间的互动,也强调了与周围环境的相辅相成,表达了人、建筑与环境的和谐共生。

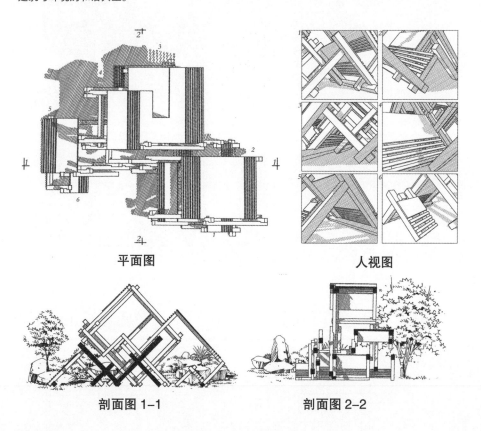

平面图

人视图

剖面图 1-1

剖面图 2-2

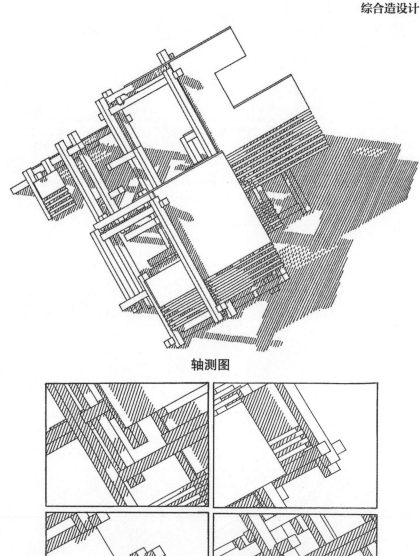

轴测图

细节放大

教师点评

这次的设计作品是基于木造设计的进一步深化,强调了水榭与人、与环境之间的互动。通过重复堆叠的设计手法,形成了具有错落空间的体块,同时还继续沿用了木造的木质材质,将作品放置在滨水平台上,与公园环境相贴合。并且能够很好地利用滨水沿岸的场地特征,通过湖面反射,使作品呈现出更加精彩的艺术效果。

学生姓名: 王紫依   **指导教师:** 孙帅 朱虎

叠榭
综合造设计

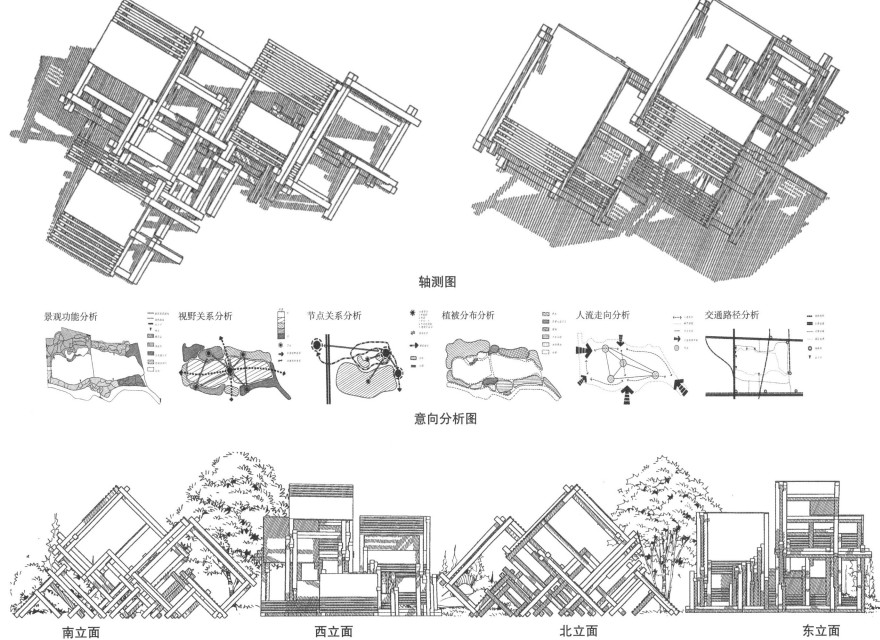

轴测图

景观功能分析　视野关系分析　节点关系分析　植被分布分析　人流走向分析　交通路径分析

意向分析图

南立面　　　　　西立面　　　　　北立面　　　　　东立面

一年级

水之湄
玉渊潭滨水景观设计

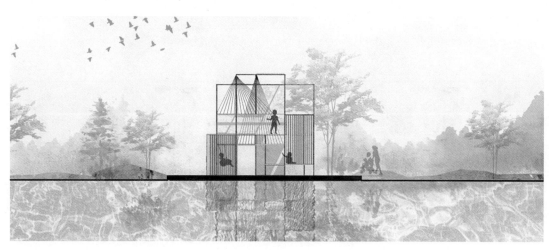

轴测图

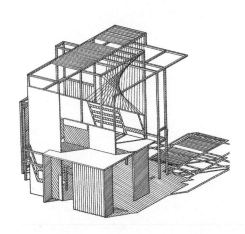

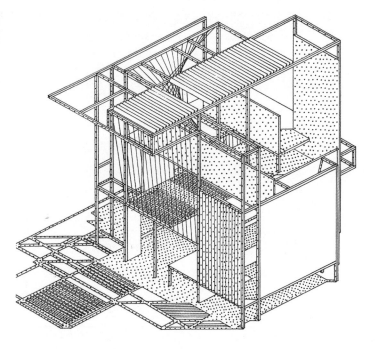

轴测图

设计说明

　　该景观选址位于玉渊潭公园东北侧湖岸。场地背靠道路，面向湖面，自然景色宜人。景观主要服务于儿童，空间丰富，尺度适宜儿童，安全且富有趣味。百叶窗和麻绳的运用创造了互动性强的灰空间，可将自然景观引入构筑物，让儿童在玩耍中接触自然。该构筑物不同区域之间景观各异，远观亦可增强河岸景观观赏性，能有效提高该场地的利用率，为游人提供独特的游玩场所。

教师点评

　　该同学充分地对玉渊潭公园东北侧湖岸进行调研，设计了一个以儿童为使用主体的，富有趣味性和安全性的构筑物，运用麻绳、百叶窗等材料作为空间隔断手段，既保留了场地原有景观，又增加了互动性和灰空间。该同学的设计方案结构合理，色彩搭配与场地结合较好，中心主题突出，能有效提高场地利用率和游人满意度，具有较高的创意性和实用性，是一份优秀的课程设计作品。

学生姓名：阮茜霖　　指导教师：孙帅　朱虎

一年级

水之湄
玉渊潭滨水景观设计

现状分析

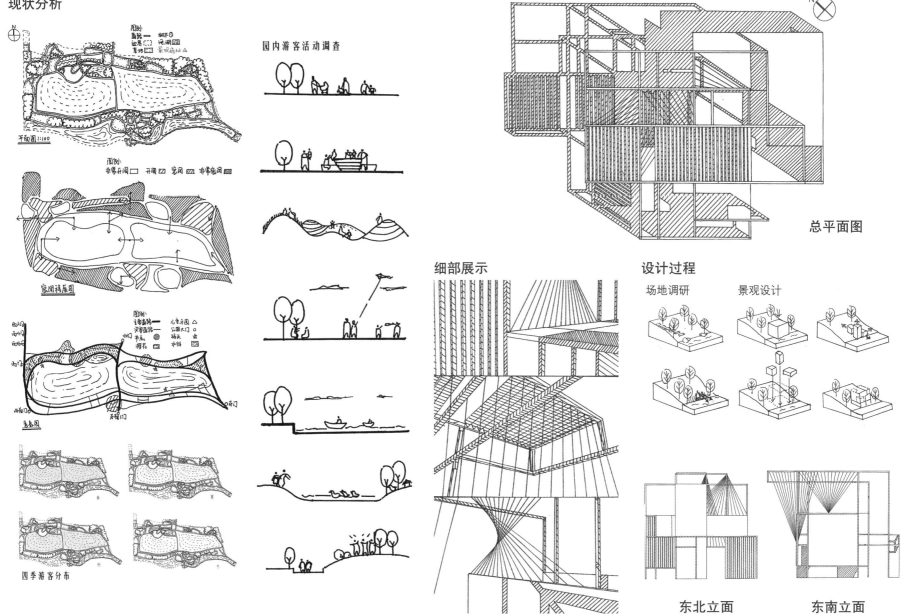

园内游客活动调查

平面图1:100

总平面图

细部展示

设计过程

场地调研　　景观设计

东北立面　　　东南立面

四季游客分布

一年级

错位时空
造·石膏·空间界面

设计说明

　　本设计灵感源于 10 Cal Tower，借鉴古典园林框景手法，采用虚实结合的方式构造墙体，不同位置的凸起与凹陷使得设计各方位光影产生联系，随着时间的变化光影效果也在不断变化，形成时空错落的独特效果。外部空间较为疏散，内部空间较为密集，维持在一个平衡的界限。同时墙体形式多变，使内外空间产生联系，彼此之间没有明确的界定，又具备遮挡的作用。路线多变，功能多样，赋予人的行为较大的探索自由性。

光影及行为分析

教师点评

　　这个设计的形体组织完整统一，设计理念切合主题，采用虚实结合的方式组织内部与外部的空间关系，空间功能组织基本合理。在老师的指导下，对节点设计和空间联系有了整体认知。学生很好地完成了一年级课程训练要求，图纸表达完整、布局合理，是一份具有示范作用的优秀作业。

一年级

学生姓名：韩玉冰　　指导老师：安平　尹小龙

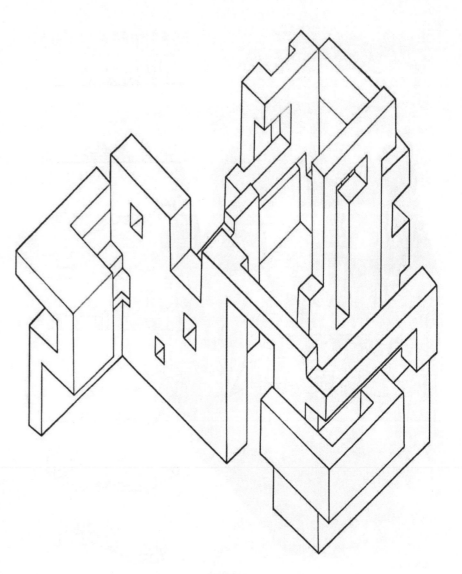

轴测图

错位时空
造·石膏·空间界面

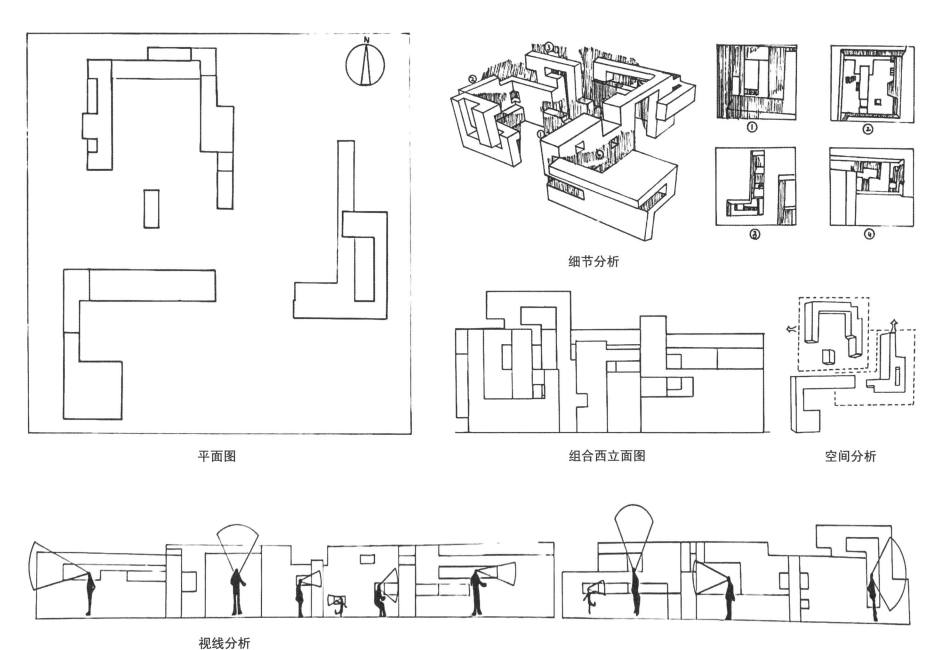

细节分析

平面图

组合西立面图

空间分析

视线分析

设计说明

    灵感来源于中国古代建筑中的藻井结构，藻井为覆斗形的穹顶装饰，构造、木板层层叠落，因此本设计使用单一的木条进行旋转等变化。

    本设计通过对单一木条的扭转和组装，主要采用销和榫卯的传统连接方式，使两组长短不一的木条扭转构成了两组大小不同的立体扇形空间，使其相互交错、层层重叠，形成了可以供人休憩、娱乐的空间。错落有致的木条使光影变化丰富、优美，层次感强，观赏性较强，给人很好的视觉感受。

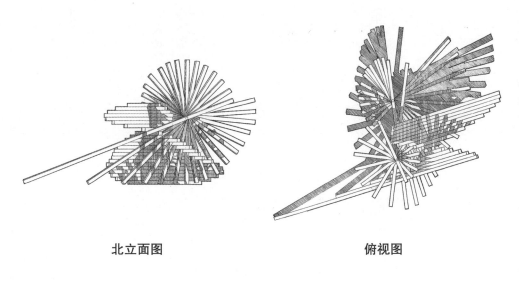

北立面图　　　　　　俯视图

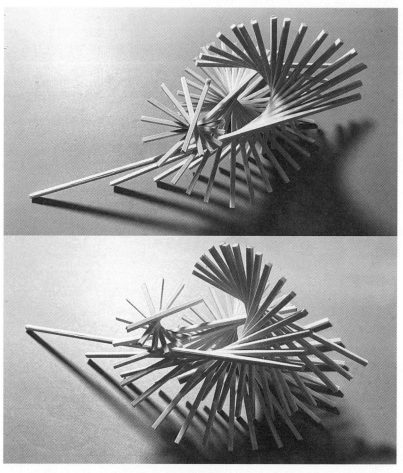

实物模型

教师点评

    这是一次轻巧快速的实验。设计立意清晰，对藻井构件进行了解构再塑造，使之适应了现代设计简洁明快的理念。通过自咬合的榫卯结构，实现了不依赖金属节点完成复杂构造的结构设计。整体造型展现出蓬勃生长的状态，以调整单体的局部角度与高度的方式，将藻井多样变化的特点体现出来，并展示了旋转往复的韵律感，不同视角的体验各异，蕴含了一种张扬的生命力。

一年级

学生姓名：杨子涵　　　指导教师：孙帅　朱虎

木造设计
——流光

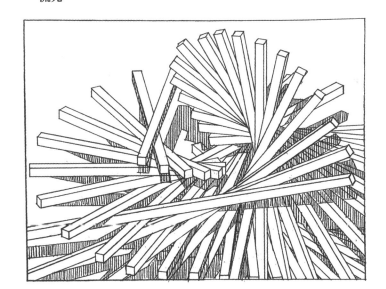

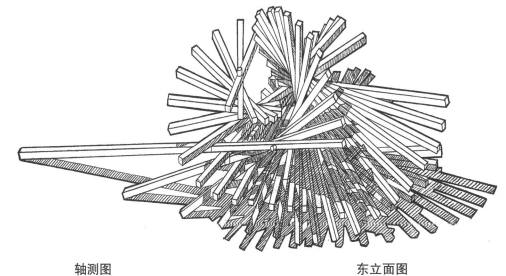

轴测图　　　　　　　　　东立面图

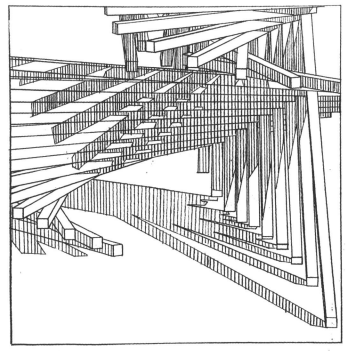

局部光影

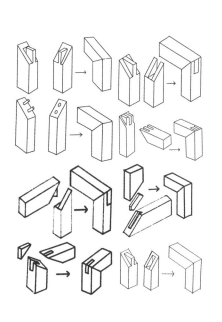

常见榫卯结构

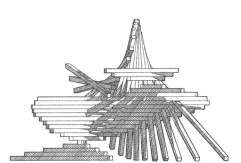

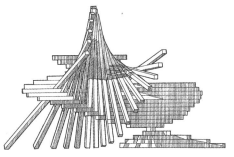

西立面图

一年级

设计说明

In this design, the abstract frames overlap in the direction of three axes, and finally form a semi-virtual cube space through the form of partial center symmetry. At the same time, the placement of the high and low movements forms the guidance of widened or narrowed vision, so as to obtain different visual experience. This design is placed in the upper left corner of the main road of the site, which is conducive to visitors to appreciate and stay, and fully interact in this area.

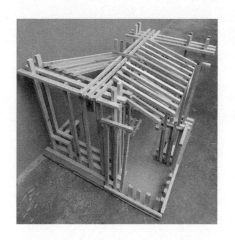 

作品展示

轴测图

教师点评

　　该设计名为构木·听枫，在以木材为材料的园林小品里听枫叶飒飒。该设计通过将抽象的景框交叠、对称来塑造一个半虚半实的空间。考虑了设计空间形态的丰富性，强调出建造的逻辑性，满足人体尺度和适应需求。较为妥善地处理好环境、空间、功能、结构之间的关系。图纸表达较为准确清晰，很好地完成了一年级课程训练要求。

一年级

学生姓名：施宇辰　　指导老师：安平　尹小龙

构木·听枫
造·木构综合·空间节点

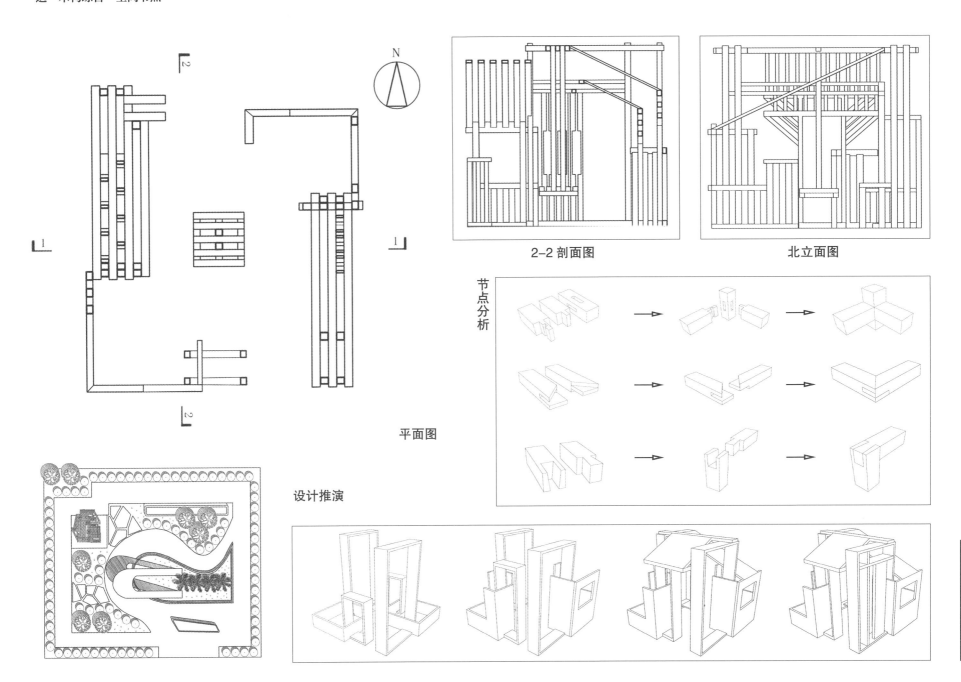

2-2 剖面图

北立面图

节点分析

平面图

设计推演

一年级

设计说明

　　地块主体位于北京国贸CBD及其周边商圈和居民区，本次作业以该地块为例，具体分析了城市功能分区、城市构成划分以及城市外观形成。着重分析了城市的建筑、街道、广场、公园等各种城市空间的许多特征，以及建筑物之间的相对关系与关联性。切实感受城市五要素的概念，体会人们在城市中生活、工作、穿梭的感受，感悟人与城市周围环境的联系，明确了构成城市的细节。

人视景观图

北京CBD及周边总平面图

■ 科技商务区
■ 中央活动区
■ 金融商务区
■ 中心绿化

北京CBD核心经济带

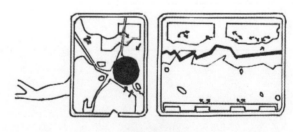

视线分析图

教师点评

　　此组学生在老师的指导下调研了国贸CBD的总体规划及功能分区，对国贸CBD的整体构成、城市五要素有了较为清晰的把握。学生着重聚焦于景观节点、空间联系、城市天际线等展开了深入学习。学生很好地完成了该训练的任务要求，图纸表达清晰且丰富，对于一年级的同学是一份具有示范作用的优秀作业。

一年级

学生姓名：王楚天 李逸辞 张熙睿 朱菁华 韩玉冰　　指导老师：安平 尹小龙

"首善商窗"
造·聚苯·城市空间

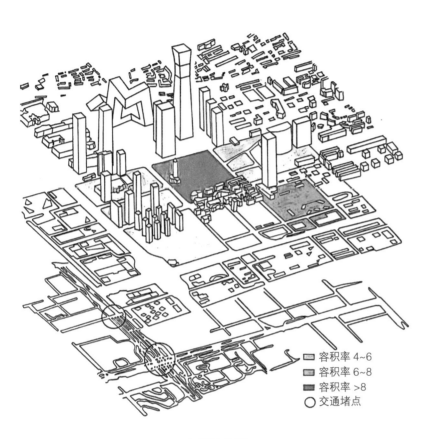

容积率 4~6
容积率 6~8
容积率 >8
交通堵点

空间结构图

北京 CBD 天际线

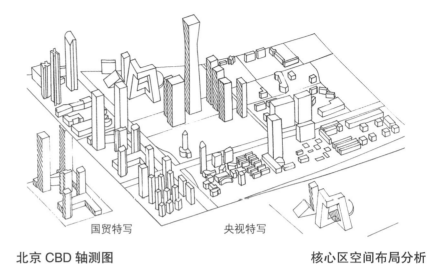

国贸特写　　　央视特写

北京 CBD 轴测图　　　　　　核心区空间布局分析

主干道
次干道
支路
规划支路
立交桥匝道

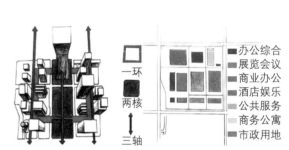

一环
两核
三轴

办公综合
展览会议
商业办公
酒店娱乐
公共服务
商务公寓
市政用地

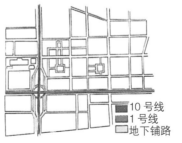

10 号线
1 号线
地下铺路

道路交通分析

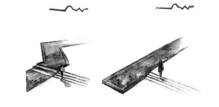

北京 CBD 绿化水系景观

一年级

设计说明

　　该建筑的设计灵感源自于风车，通过一大一小的风车上下翻转旋转交错，让人感觉建筑主体被风吹起来一样。结合数字参数化设计，建筑呈中心对称，两角设有长椅供游人休息。建筑所在场地以口袋公园为背景，设有音乐喷泉、小山丘，两者交相呼应，另外喷泉内的雕像也增加了意趣。

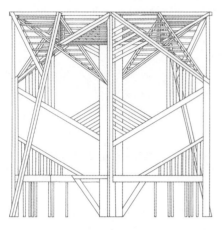 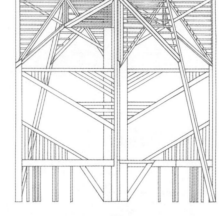

西立面图　　　　　　　　　　　　南立面图

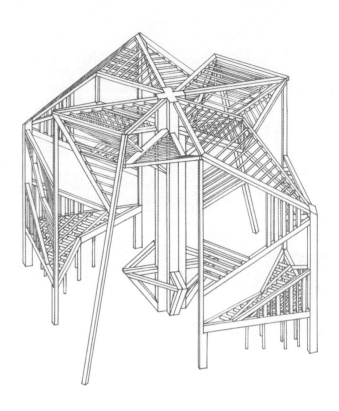

轴测图

教师点评

　　该设计名为风停，以风车为意象，在明确的正方形限定中，采取正负三角形相交错穿插的形式组织空间，将数学语言与设计语言有机结合。空间逻辑关系清晰，空间功能组织基本合理，与场地结合较为自然，场地环境设计比较丰富。同时在设计过程中，学生做了大量手绘，并独立制作了模型，是一份认真完成了一年级该课程设计训练要求的作业。

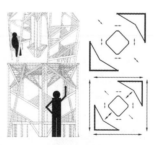 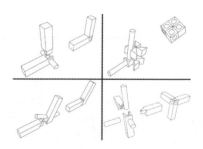

路径尺度　　　　　　　　　　节点分析

一年级

学生姓名：杨毅　　指导教师：安平　尹小龙

风停
造·木构综合·空间节点

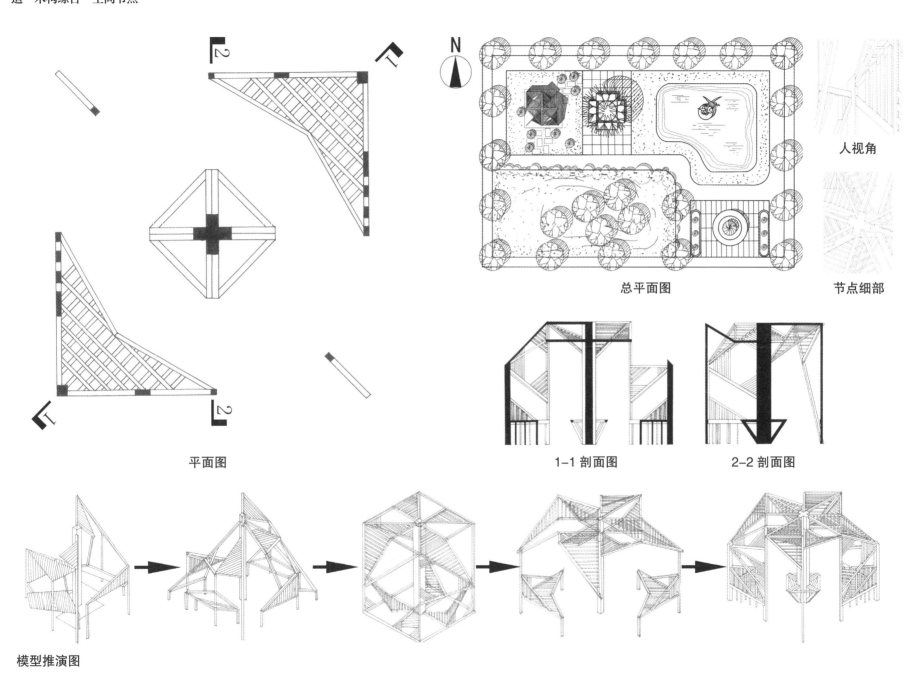

平面图

总平面图

人视角

节点细部

1-1 剖面图

2-2 剖面图

模型推演图

设计说明

　　本次设计作品是对木质材料通过榫卯结构进行有机连接所组成的。通过对木条的有序排列以及每个独立拱门装置的有序摆放，形成一个阶梯状的中国结，四周利用垂直于地面的木条围合出一个鉴于封闭与开放之间的空间，木条与木条之间缝隙稍有差异，清风拂过，坐在装置内部休憩，感受风穿过缝隙对皮肤的抚摸，听风穿梭于整个建筑间的优美旋律。

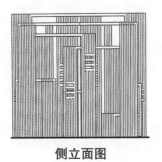

侧立面图

正立面图

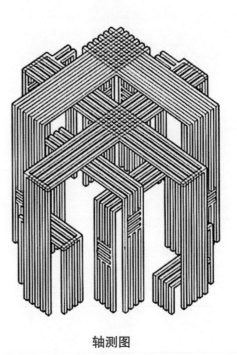

轴测图

教师点评

　　这个设计的形体组织简洁明快，把相对丰富的功能组织在简洁的形体中是有一定难度的，设计严格遵循场地及形体限定，空间功能组织基本合理，认真进行俱梯墙架的五造设计，同时在设计过程中，学生做了模型以供参考，是一份认真完成了该年级课程设计训练要求的作业。

一年级

学生姓名：孙锦鹏　　指导老师：安平　尹小龙

织风结
造·木构综合·空间节点

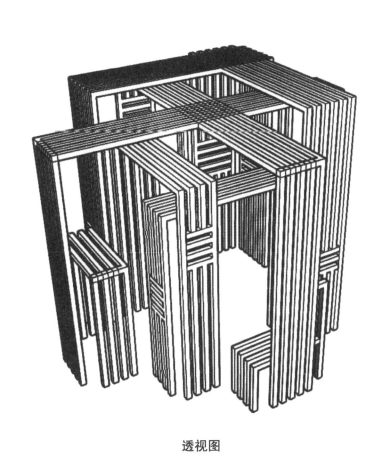

透视图

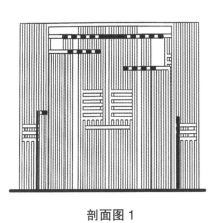

剖面图 1

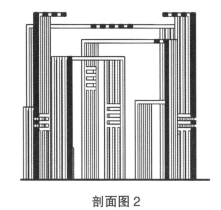

剖面图 2

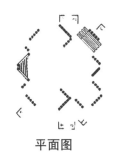

平面图

人视图

流线分析图

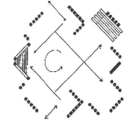

设计说明

　　造型灵感来源于诗句："雪中傲梅凌霜放，风和日丽暖花开。"面具主体由梅花组成，寓意着疫情下奋战在一线的医护工作者们，他们奔赴一线、舍身为民，正如梅花凌霜而放、不惧严寒；面纱整体由铁丝网编织而成，坚韧而刚毅；而梅花的藤蔓从面纱部分扎根生长，盘延向上，意味着疫情虽如寒冬般凛冽，但终究会渐渐离我们远去。花已开，春已暖，人们满怀希望，笑靥如花。

模型照片 1

模型照片 2

透视图

教师点评

　　该铁丝造作品以"傲雪凌霜"为题，以梅花"不惧严寒、凌霜而放"的意象，表达对抗疫医护人员的崇敬之情与战胜疫情的美好期盼。作者巧妙地利用铁丝材料的特性，并且注重艺术性表现，运用多种材料和色彩，展现了作者的创意和审美水平。值得称赞的是，作者对如何"变废为宝"进行探讨，实用且艺术，总体上较好地完成了设计。

学生姓名：田新榕　指导老师：王雷　薛翊岚

一年级

"傲梅凌霜"
造－铁丝－细部造型

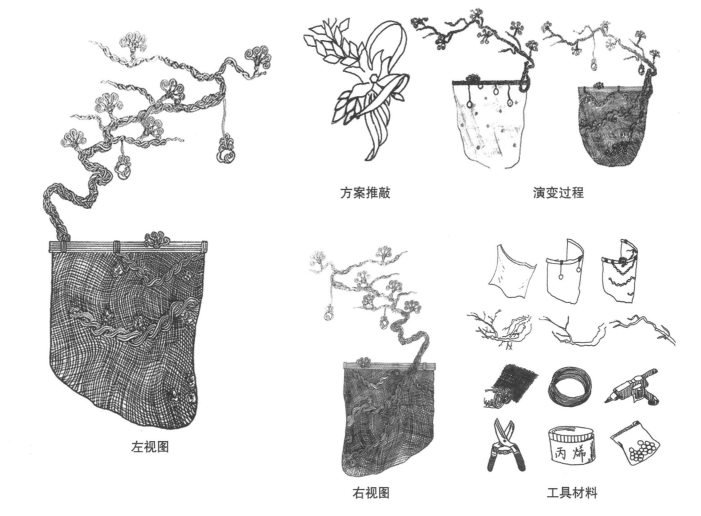

方案推敲

演变过程

左视图

右视图

工具材料

设计说明

　　本作品是利用铜铁丝和丝线制作的面具，含传统莲花、凤尾、山脉等元素，为了更好地表达与展现面具的特点，作品制作中运用了缠绕、编织等方法制作面具主体，搭配上缠花制成的莲花使花朵元素栩栩如生，增加了作品的灵动性和创意性。凤凰翎羽制作时利用了多种颜色铜铁丝拧成的线性材料，意在表现出《山海经》中凤凰"五彩而闻"的形态。在山脉这一元素中采用了两种表现手法，试图表达出山脉、岩石不规则的棱角。

面具展示

佩戴示意图

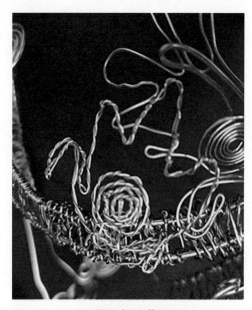

面具局部细节图

教师点评

　　该设计克服了线上学习和材料缺失的困难，以铁丝等线性材料制作完成名为"凤莲山"的面具。设计充分认识了线性材料的特性，详细展示了模型演变过程。不仅如此，作品融合了多种传统元素，选取山、凤、莲等富有诗意的图案，学习并运用英山缠花工艺，用丝线、纸板等材料制作出栩栩如生的立体莲花，使作品更加具有文化底蕴。

学生姓名：梁铭玉　　指导老师：王雷　薛翊岚

面具侧面展示

一年级

凤莲山
造·铁丝·细部造型

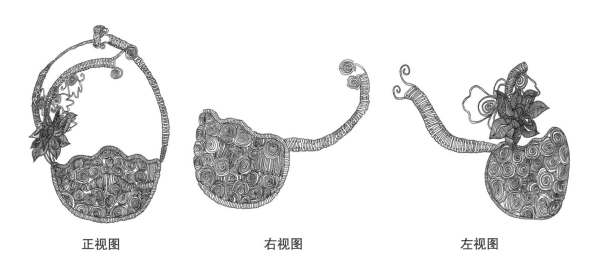

正视图　　　　　右视图　　　　　左视图

设计灵感

　　山的象征意义是坚强、勇气、无畏、团结，只要我们团结一心就没有什么困难是过不去的。

　　莲花象征着圣洁，同时也是佛教经典中经常提到的象征物。

　　凤凰自古是一种代表着祥瑞的神鸟。它代表着坚强勇敢，生活幸福。

设计思路推演图

透视图

轴测图

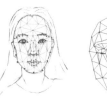

面部分析图

设计说明

　　本面具的设计结合中世纪鸟嘴医生面具的特征和抵御蚊虫的扭博辫，采用朋克风格而设计的面具。使用不同粗细和颜色的铁丝来凸显整体感。面具寓意人民团结齐心来战胜疫情的美好愿望。周围以海浪漩涡形圆环填充，寓意乘风破浪；眼部使用表示思念的四角星，也象征因疫情无法回到家乡的人们对家乡的思念；顶部与侧面的线圈模仿茁壮生长的藤蔓，象征生机与活力。

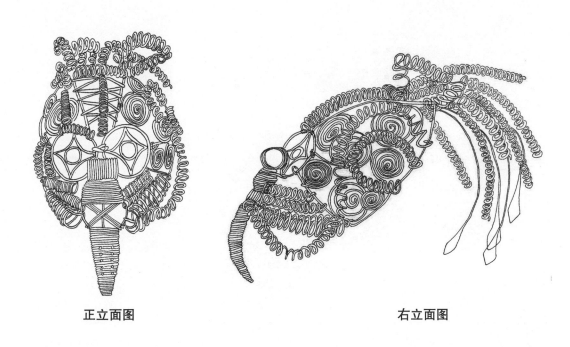

正立面图　　　　　　　　　　　　右立面图

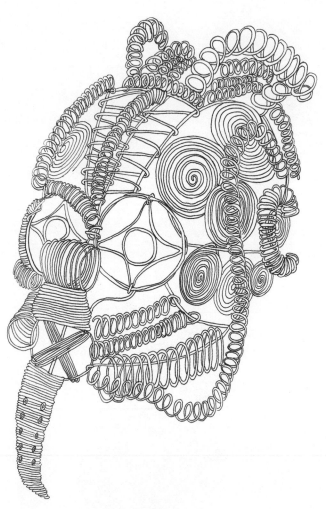

轴测图

教师点评

　　作品整体设计给人以活力、希望，表达出抗击疫情、共克时艰的信念。使用不同粗细、颜色的铁丝采用缠绕、盘曲的方式完成线性材料的基本组织，并且表现出对细部的创造力。设计作品具有一定的承重能力，形体和细节具有一定的逻辑关系。整体造型表现较为大胆，颜色搭配丰富。图纸表达较为准确清晰，很好地完成了一年级课程训练要求。

一年级

学生姓名：施宇辰　　指导老师：安平　尹小龙

生机
造·铁丝·细部造型

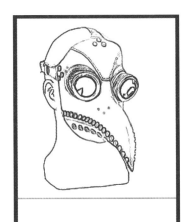

灵感来源

鸟嘴是本面具设计的主体来源，十四世纪的医生没有口罩防护服等专业防护手段就用皮革制成鸟嘴等奇怪装扮，有吓走病魔的用意。

扭博辫是本面具设计的第二个来源，在非洲用于节约水资源，减少虫子侵入。正好与疫情的节约医护资源、减少病毒的侵害相吻合。

藤蔓是本面具设计的第三个来源，其具有攀附向上伸展的习性，面具中卷曲的向上生长的藤蔓，同时与标题"生机"呼应。

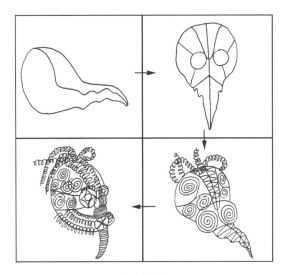

设计推演

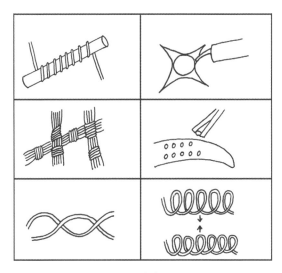

制作特色

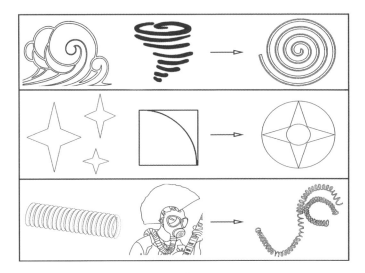

灵感来源

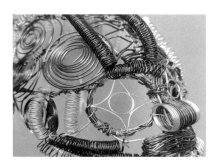

一年级

133

设计说明

灵感来源于蝴蝶效应：一只南美洲亚马逊河流域热带雨林中的蝴蝶，偶尔扇动几下翅膀，可以在两周以后引起美国德克萨斯州的一场龙卷风。我们也许不在同一条船上，但是我们在同一场风暴里，每个人都像是一只蝴蝶，我们的每一个举动都像是蝴蝶扇动翅膀，关乎整个大局。

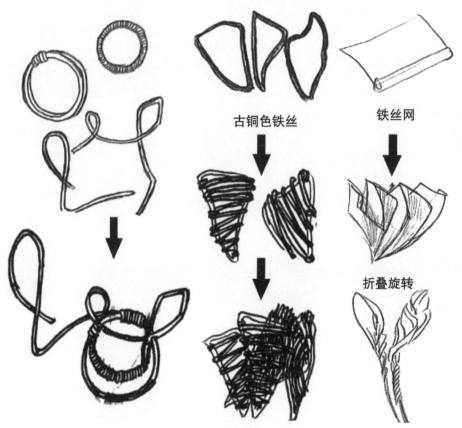

古铜色铁丝

铁丝网

折叠旋转

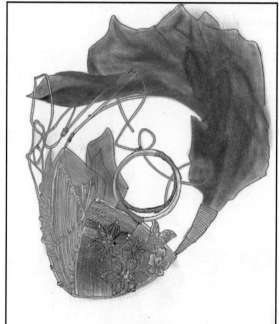

制作过程

硬粗铁丝

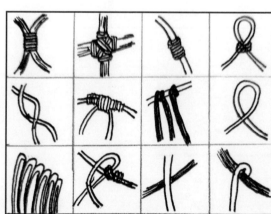

节点分析

一年级

"蝶暴"——butterfly storm

造·铁丝·细部造型

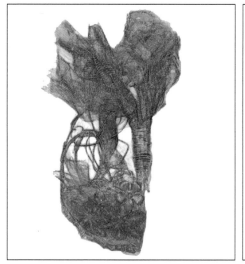

右立面图 1：500

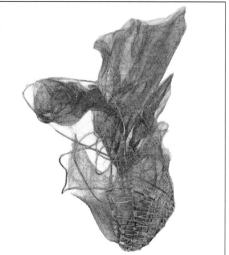

左立面图 1：500

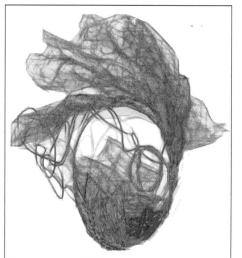

正立面图 1：500

教师点评

　　本次设计题目是防疫背景下，结合人体面部尺寸，使用铁丝等线性材料设计一个"面具"。该方案立意角度新颖，从铁丝的框架构建入手，层层深入，塑造形态协调、节奏感强、贴合人体尺度，形成统一整体，图纸表达清楚。从设计构思到图纸表达上，该作品都是一份优秀的学生作品。

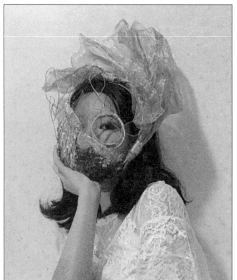

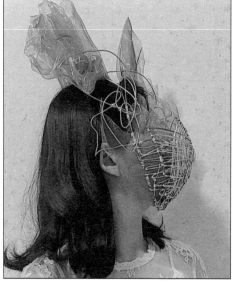

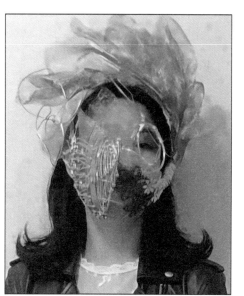

模型照片

蝶暴　　butterfly storm

学生姓名：江雯晴　　指导老师：潘明率 朱兆阳

一年级

设计说明

该项目研究对象是北京三里屯，经过调研学习，我们对三里屯场地中的标志物、边界、路径、区域、节点、绿化这六大要素有了清晰的认识，并且对其商业街区的道路分布进行了详细的测绘。

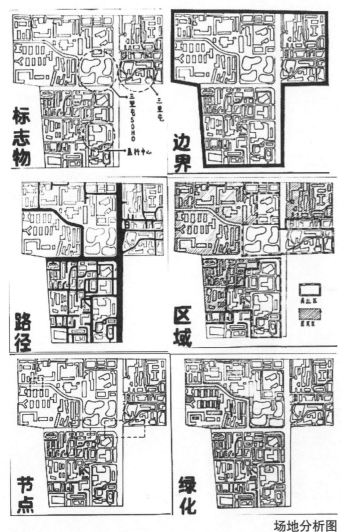

场地分析图

学生姓名：哈文鑫　　指导老师：蒋玲 李鑫

道路分析图

模型图

教师点评

设计以北京三里屯为研究对象，对城市空间设计中的基本要素：标志物、边界、路径、区域、节点、绿化等进行了认知和分析。分析思路清晰，模型表达准确，图纸绘制较为细致完整，较好地完成了一年级课程训练要求。

天河中轴

——造·聚苯
·城市空间

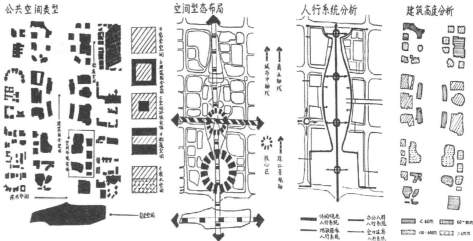

公共空间类型　　空间型态布局　　人行系统分析　　建筑高度分析

空间关系

设计说明

由于是对现有城市空间的理解性练习，并无太多主观上的设计成份。通过这个练习，对城市的基本功能和空间把控有了一定的认识。

教师点评

该同学的图纸表达细腻，表现力强。既有对城市的整体把控，也有对该 CBD 地区地标性建筑的内部空间表达。小组完成的模型也比较出彩。整体上看，达到了该项目作业对学生能力锻炼的要求。

建筑之间的空间关系　街道与绿化

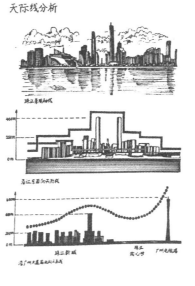

天际线分析

中轴线景观

建筑空间

街道关系　　天际线分析　　中轴线分析　　模型照片

一年级

学生姓名：罗引婷　　指导老师：安平 尹小龙

设计说明

　　"当你望着山川的时候，山川也在望着你。"场地调研发现建筑用地整体位于香山脚下，周围群山连绵。基于这个意象，于密林凉亭溪水间修一片翠微山房，或与亲人，或与朋友，分享亦讨论生活，问山不语，问水长东。故建筑总体配色选用偏自然的木色系，考虑到北京的气候四季分明，加入淡蓝色中和，将视觉压灰，同时增添了现代气息。屋顶是本次设计的亮点之一，整体参考了起伏群山的意象，采用厚重的棕红木色将建筑从林中压向实体。

　　整个建筑的设计为三个体块拼接在一起，解决了场地高差问题的同时，自然地划分出功能分区，公共与私人的区域一目了然。

室内效果展示

总平面图

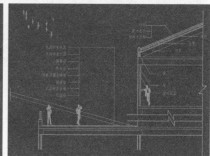

体块生成　　　　**模型轴测图**　　　　**部分构造展示**

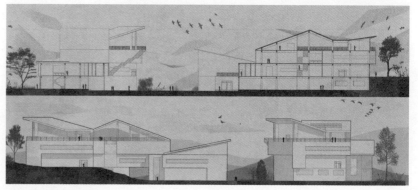

剖面及立面展示

教师点评

　　与同组成员共用翠微亭附近地块，场地设计与建筑形体相互配合良好。顺应地形，让出台地广场，与古树、古亭以及同组成员的建筑共同形成彼此交融、渗透的户外空间。建筑体量形态丰富，能够与周边环境很好地对话。内部空间序列与外部空间相互融合，利用高差，错落有致。功能布局合理，流线清晰。图纸表达完整，制图规范，设计理念的图面表达较好。

学生姓名：曾诗雅　　指导教师：王又佳　张竞予

二年级

快题设计
小型社区活动中心设计

设计说明

　　该社区的设计定位是满足历史文化传承、休闲娱乐、行政服务的需求，而场地的功能主要是解决历史文化街区绿化太少的问题。此外建筑具有仿古的特点，材料选用砖和玻璃，两者的结合彰显了历史与现代的碰撞。对于窗户的设计则采用四合院传统窗户纹样的镂空墙体样式。

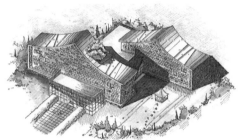

透视图

立面图

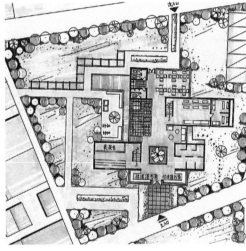

平面图

教师点评

　　该方案在对用地周边居住环境和空间形态分析的基础上，选择文化、休闲、社区服务等为主要功能，建设社区活动中心。建筑整体功能布局合理、流线组织清晰。用地位于北京传统街区内，建筑在空间组织、尺度比例、屋顶形态、立面材质等方面与周围历史环境取得了良好的协调关系，既有对传统元素的把握，也有对现代材料和形式的表达。

学生姓名：成柯葭　　指导老师：梁玮男　王卉

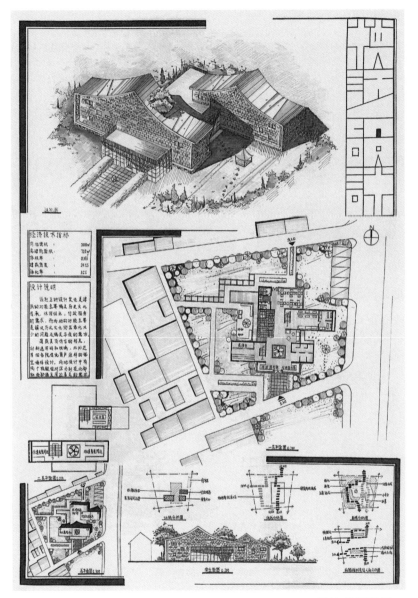

最终成果图展示

二年级

SWIRLING SHADOW
幼儿园游憩设施设计

设计说明

　　SWIRLING SHADOW 幼儿园游憩设施设计以"鹦鹉螺"作为意象进行形体设计，配合以黄金螺旋的完美比例使自然的韵律与数学的严谨碰撞出别样的美感。设施整体以铁丝作为结构骨架，以半透明的纱进行形体围合，使得整个围合空间轻盈灵动，颇具"流动空间"之感。投射在地面上的光影随着时间而流转，让穿梭于其中的孩子不禁慢下脚步，驻足欣赏大自然送给他们的独特礼物。

幼儿行为分析

效果图

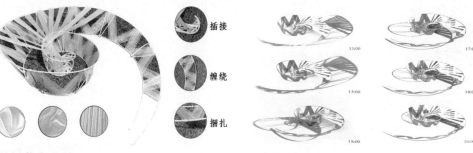

材料节点分析　　　　　　　　光影变换分析

教师点评

　　该设计以"鹦鹉螺"作为设计意象，用线性材料围合出一个发散性螺旋空间。顶面和侧面间隔缠绕的纱质织物一方面使构筑物在阳光照射下产生奇妙的光影，另一方面也给穿梭其间嬉戏玩耍的幼儿提供了柔软舒适的触觉体验。图纸综合表达较好。

效果图

学生姓名：王曼凝　李硕　李心怡　刘美伽　王澜睿　马文静　　　指导教师：崔轶

二年级

SWIRLING SHADOW
幼儿园游憩设施设计

成果图

总平面图　　　　　　　　　　　　**平面图**

形体演变

东立面图　　　　　　　　　　　　**南立面图**

织梦
幼儿游憩设施设计

设计说明

"织梦"游憩设施，以丝带、海螺为设计意向，通过旋转拉伸，形成独特的造型。幼儿园的孩子们，正处在天真无邪、爱自由、爱幻想的年纪。这也正是织梦这一名字的来源——编织梦想，希望孩子们在"织梦"游憩设施的游乐中，怀揣梦想与期盼，感受无限的美好和快乐。

教师点评

该设计以"丝带"和"海螺"作为设计意向，用线性材料进行搭建，模拟丝带与海螺的卷曲形态，形成了可供幼儿钻爬、乘凉的不同高度的曲面空间。木质材料的选择增加了构筑物亲切舒适的触感，同时形成了独具特色、富有韵律感的造型。图纸表达有一定深度，整体色调与设计本身融为一体。

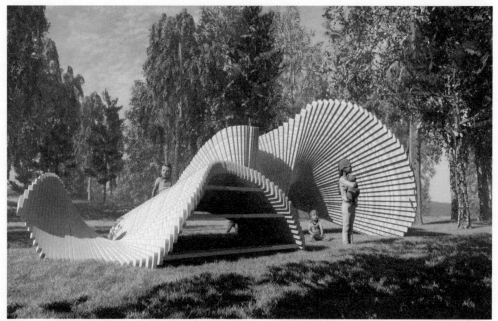

东立面图　　　　　　　　　　　西立面图　　　　　　　南立面图

学生姓名：金梦然　王祥洁　　　指导教师：崔轶

二年级

织梦

幼儿游憩设施设计

体块分析

划分

分割

扭转

拼接

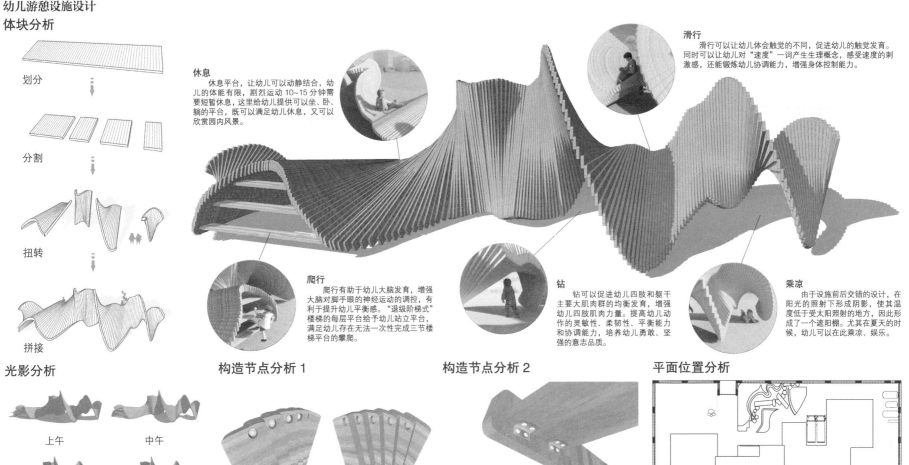

休息
　　休息平台，让幼儿可以动静结合，幼儿的体能有限，剧烈运动 10~15 分钟需要短暂休息，这里给幼儿提供可以坐、卧、躺的平台，既可以满足幼儿休息，又可以欣赏园内风景。

滑行
　　滑行可以让幼儿体会触觉的不同，促进幼儿的触觉发育。同时可以让幼儿对"速度"一词产生生理概念，感受速度的刺激感，还能锻炼幼儿协调能力，增强身体控制能力。

爬行
　　爬行有助于幼儿大脑发育，增强大脑对脚手眼的神经运动的调控，有利于提升幼儿平衡感。"退级阶梯式"楼梯的每层平台给予幼儿站立平台，满足幼儿存在无法一次性完成三节楼梯平台的攀爬。

钻
　　钻可以促进幼儿四肢和躯干主要大肌肉群的均衡发育，增强幼儿四肢肌肉力量。提高幼儿动作的灵敏性、柔韧性、平衡能力和协调能力，培养幼儿勇敢、坚强的意志品质。

乘凉
　　由于设施前后交错的设计，在阳光的照射下形成阴影，使其温度低于受太阳照射的地方，因此形成了一个遮阳棚。尤其在夏天的时候，幼儿可以在此乘凉、娱乐。

光影分析

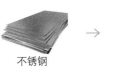
上午

中午

下午

晚上

材料分析

不锈钢

螺栓螺母

木头

木板

构造节点分析 1

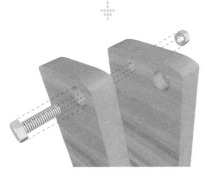

构造节点分析 2

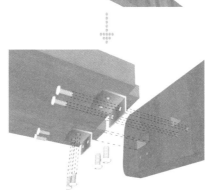

平面位置分析

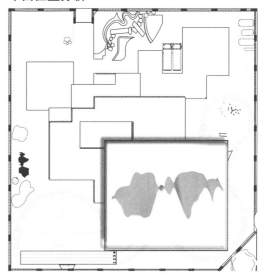

　　织梦游憩设施位于幼儿园地段东部，距离幼儿活动场地近，从活动场地到游憩设施的时间短，距离教学楼出入口的位置也相对较近，孩子们课间休息时可以随时来此玩耍。满足幼儿活动需求的便捷性与教师集体监管的安全性。

二年级

设计说明

　　本设计的灵感来源于清代文人沈复的自传体散文《浮生六记》第二卷《闲情记趣》："余忆童稚时，能张目对日，明察秋毫。见藐小微物，必细察其纹理。故时有物外之趣。"这是沈复记录自己幼时对世界的好奇细致观察，得到的是超出物质之外的乐趣。因此，我们在该游戏设施的设计中，设计追求的目的不是物质设施本身，而是更多地思考不同年龄儿童行为尺度差异特点，同时为了满足儿童乐于在空间中进行攀爬、穿行、追逐、游憩等需求，设计了一座高低不同、林木柱廊的空间形式。设计采用从数学原理中提取的几何空间构型，用以满足儿童的行为和心理的需求，增添建筑能带来的物质本身之外的人文情趣，故命名为"物外之趣"。

效果图

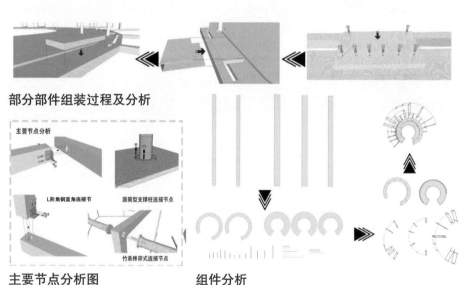

部分部件组装过程及分析

主要节点分析

L形角钢直角连接节　　圆筒型支撑柱连接节点

竹条榫卯式连接节点

主要节点分析图　　　　**组件分析**

剖面图 1-1　1：50

剖面图 2-2　1：50

教师点评

　　该设计灵感源自清代文人沈复的散文《浮生六记》第二卷《闲情记趣》中关于自己幼时对世界的所思所感，设计者运用不同尺寸的线性杆件组合出一个高低不同、林木柱廊的空间，以满足幼儿在其间攀爬、穿行、追逐、游憩等需求。材料节点的设计与表达有一定深度，图纸综合表达较好，对于运用垂直界面限定空间的把握略有不足。

西立面图　　　1：50

东立面图　　　1：50

学生姓名：吴邦伟　程宇堃　李卓然　孙恒　高德斌　　　指导教师：崔轶

二年级

物外之趣
幼儿园游憩设施设计

总平面图

效果图　　　　　　　　　　　日照分析

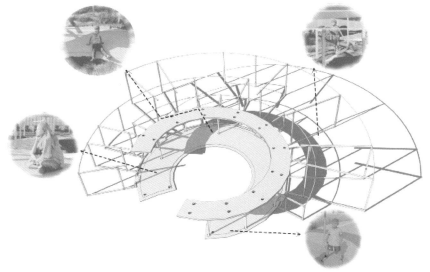

幼儿行为分析
　　构筑物空间形式丰富，有不同的尺度，均满足不同身高的幼儿坐卧、站立、追逐、跳跃等基本行为，还可进行基本的球类运动或其他活动，同时也能满足成人的一般基本行为。

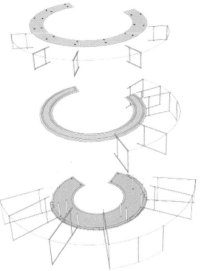

轴测分析

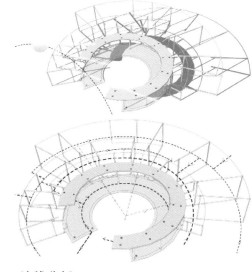

流线分析
　　构筑物内部可大体分为图示的四种不相交的交通流线，四种流线位于不同空间，但由于各空间之间设置了通道，将空间串联起来，流线随着相互交叉、连接，形成多种交通流线。

设计说明

京西之上，山湖之间。郁溪山居·文化休闲会馆占地约 3 亩，建筑占地面积约 550 平方米，综合考虑地形气候等因素，采用了线性长向布局，是一座涵盖了临湖观山独墅、室内外会客厅、研讨室会议室、迎宾展厅等场所的多功能微度假会馆。室内不同空间灵活组合、狭阔转换、错落有致，室外采用新中式造园精髓，打造了有水系的园林景观，是一座量身定制的森奢美学作品。

模型实图

模型实图

教师点评

设计过程综合考虑了场地地形及气候条件，采用了线性转折布局，将内外、动静不同功能区域的多类型空间场所形成较好的合理组织。在俱梯墙架地五造的相关设计中，将室内外空间有序组织，并注重临湖观山独墅及新中式造园的风格体现。作品认真完成了手绘及手工模型，图面整体效果较好，内容饱满。

学生姓名：高世杰　　指导教师：崔轶　张娟

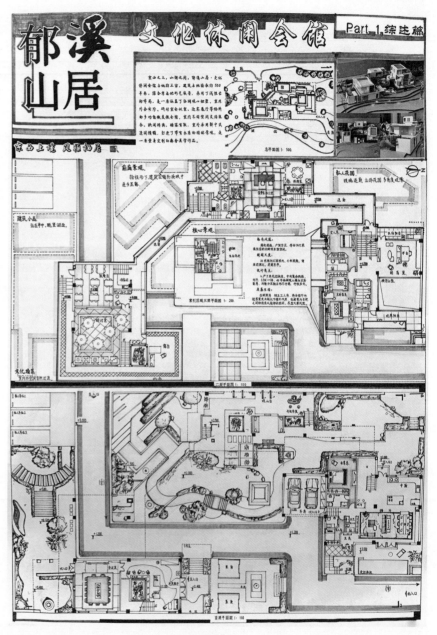

作品图纸 1

郁溪山居

文化休闲会馆设计

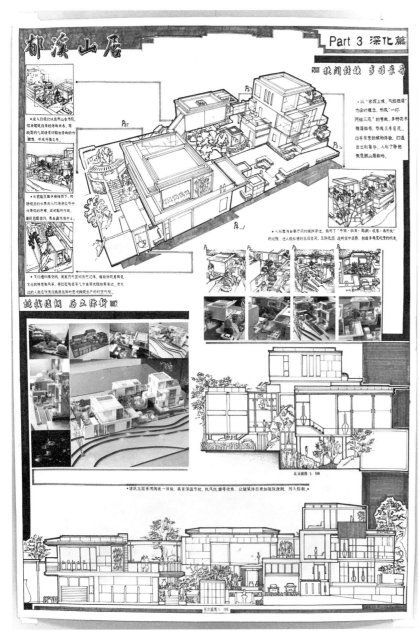

作品图纸3

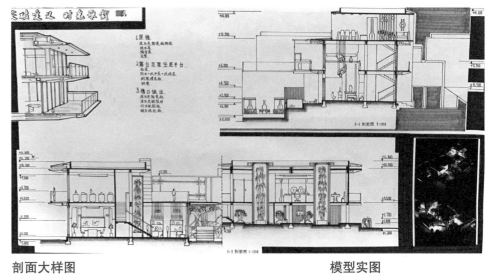

剖面大样图

模型实图

模型实图

模型实图

模型实图

二年级

设计说明

　　Outerspace 太空轻奢餐厅是一家将太空主题餐厅与轻奢风格有机结合的夹缝餐厅。餐厅占地面积约 288 平方米，共三层，高 12 米，建筑面积约 678 平方米，室内就餐人数上限 183 人（室外 28 人）。沿着能量舱的纹理灯带进入餐厅，坐在轻奢酒廊吧台，抬头仰望中庭漂流的宇航员与深邃的星空顶流星雨。随着能量食梯上下穿梭，各层流线灯随之点亮，动感科幻，宇宙级轻奢带你亲临体验。

外立面透视图

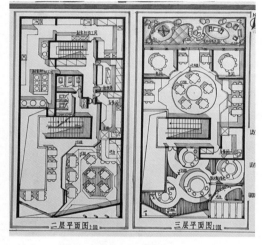

二层、三层平面图

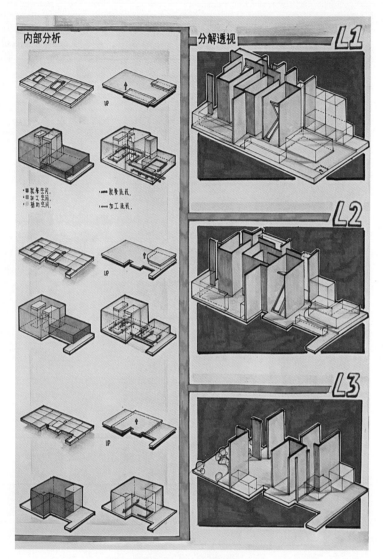

内部分析与分解透视

教师点评

　　该设计空间设计有特色、形态变化较为丰富，同时以太空主题为线索，贯穿了整个建筑各层的就餐空间，带给就餐者不同的视觉感受与新奇体验。模型制作与图纸绘制细致深入，能充分展示设计者的理念；整体图纸的色调把握略欠火候。

二年级

学生姓名：高世杰　　指导教师：崔轶　张娟

Outerspace
太空轻奢餐厅设计

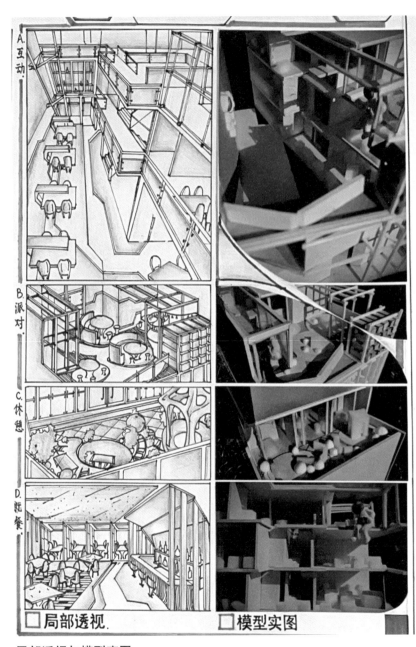

局部透视与模型实图

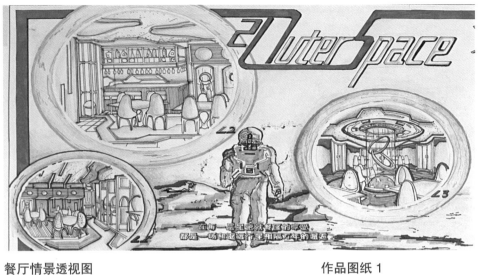

餐厅情景透视图

作品图纸 1

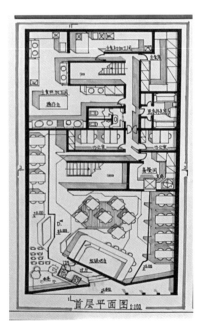

首层平面图

作品图纸 2

二年级

山不让尘
"翠微山房"私人艺术馆设计

设计说明

本设计位于北京市海淀区香山植物园内,为一位陶瓷艺术家的私人艺术馆,艺术馆是陶瓷艺术家与一位画家共同出资建造的场地,用于各自作品和藏品的展示、创作工作以及交流研讨使用。

综合考虑到场地周边已有的建筑环境以及陶瓷艺术家的工作性质,建筑设计采用了合院的形式,希望与不远处贝聿铭先生设计的香山饭店形成呼应;建筑整体顺应地势而建,并将地块内的古银杏树纳入建筑观景视线范围,将香山美景纳入建筑内观者的视野。

建筑命名源自《道德经》中的"山不让尘,川不辞盈"之句,呼应建筑之精神,外形内敛而又以多样的空间组合形式包容各类行为活动的发生,建筑如陶土般温和谦逊、朴实包容。

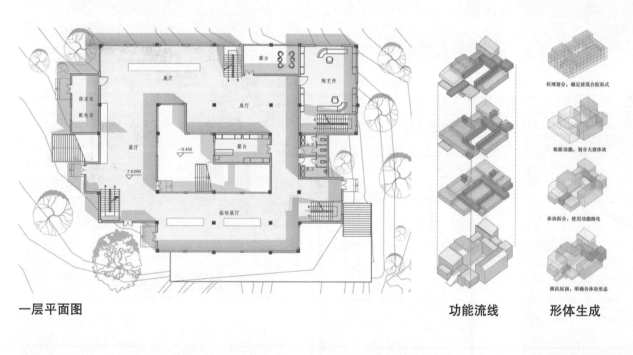

一层平面图　　　　　　**功能流线**　　**形体生成**

教师点评

与同组成员共用翠微亭附近地块,场地设计与建筑形体能相互配合良好,顺应地形,与古树、古亭共同形成彼此交融、渗透的户外空间。

建筑体量多孔多窍,形态丰富,能够与周边环境进行很好对话,并将环境引入内庭院、平台、灰空间。

内部空间序列与外部空间相互融合,处理灵活。功能布局合理,流线清晰。图纸表达完整,制图规范,设计理念的图面表达较好。

学生姓名:范阿诺　　指导老师:王又佳 张竞予

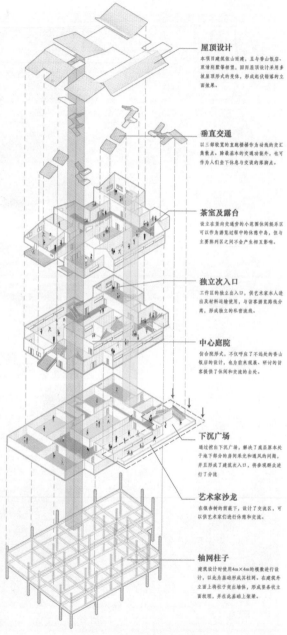

分层轴测分析图

屋顶设计

垂直交通

茶室及露台

独立次入口

中心庭院

下沉广场

艺术家沙龙

轴网柱子

二年级

山不让尘
"翠微山房"私人艺术馆设计

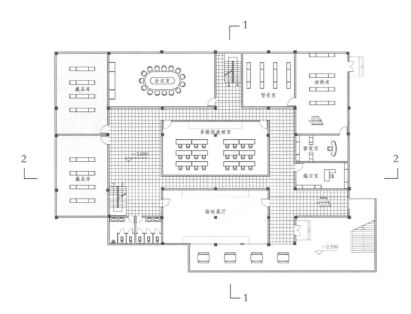

底层平面图

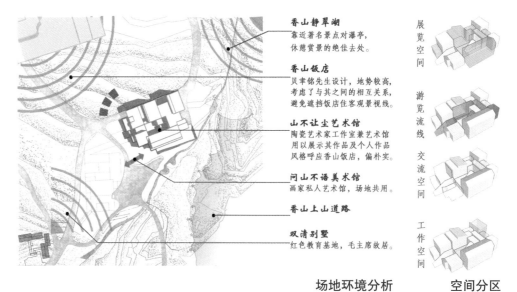

香山静翠湖
靠近著名景点对瀑亭，
休憩赏景的绝佳去处。

香山饭店
贝聿铭先生设计，地势较高，
考虑了与其之间的相互关系，
避免遮挡饭店住客观景视线。

山不让尘艺术馆
陶瓷艺术家工作室兼艺术馆
用以展示其作品及个人作品
风格呼应香山饭店，偏朴实。

问山不语美术馆
画家私人艺术馆，场地共用。

香山上山道路

双清别墅
红色教育基地，毛主席故居。

场地环境分析　　空间分区

展览空间　游览流线　交流空间　工作空间

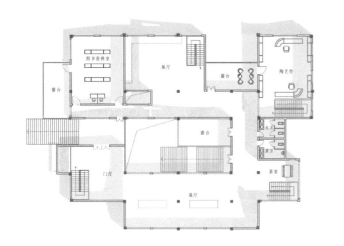

二层平面图

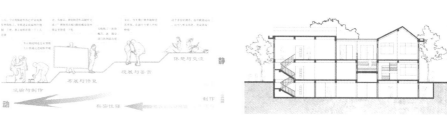

人群行为分析　　　　1-1 剖面图

北立面图　　　　　西立面图

二年级

151

修静·瑜伽
北京香山植物园书院设计

设计说明

　　该项目地块位于北京西山，东临湖泊，西靠山地，环境幽静，树木成林。该项目用地 1500 平方米，总建筑面积 465 平方米。建筑内部标高差可达 3.6 米。该书院主要供瑜伽禅修之长期研修、讲学之用，根据使用人群的不同需求，如讲学研讨、生活起居、休闲娱乐，将项目分为多个不同空间，公共区域和私密区域相互分开，但又通过连廊、半室外楼梯等进行联系。

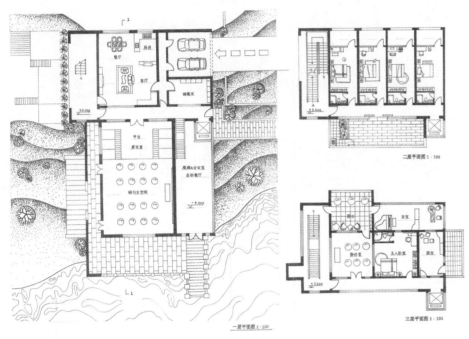

各层平面图

教师点评

　　该设计因地段高差之势，形成错落的造型。以瑜伽锻炼空间为核心，以墙为界定和延伸，向四个方向发展开放与封闭、实用与闲适等不同空间，局部向室外拓展，并以不同方式的门窗洞相联系。合理组织楼梯、踏步、平台，室内家具也进行了一定的设计。建筑覆以一个双坡屋架和一个与构架结合的平屋顶。设计俱梯墙架地五造自然协调，较好地完成了二年级课程训练要求。

二年级

学生姓名：范阿诺　　指导老师：贾东 宋效巍

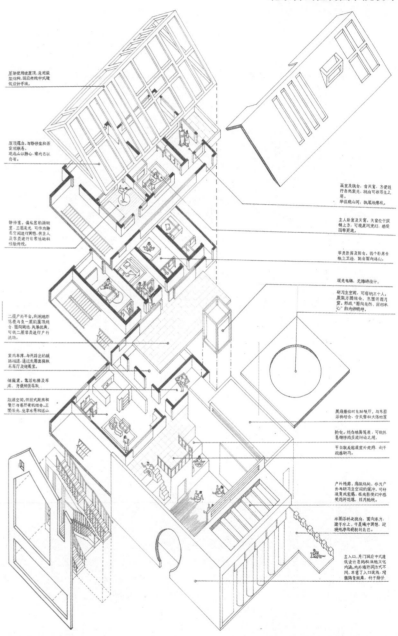

分层轴测分析图

修静·瑜伽
北京香山植物园书院设计

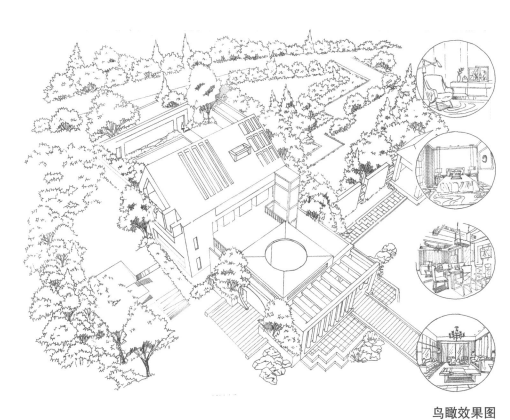

鸟瞰效果图

总平面图

手工模型照片

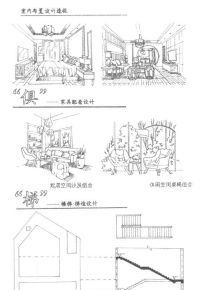

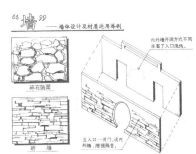

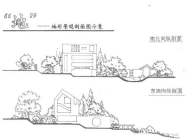

1-1 剖面图

分析图

二年级

镜中舞——幼儿园设计
石景山区社区九班寄宿制幼儿园设计

设计说明

该设计为九班制寄宿幼儿园，建筑面积 3801.6 平方米，选址位于石景山区首钢工业遗产园区东侧的居住区内。幼儿园用地南侧为园区主干道，东侧为园区次干道，西侧、北侧为居住区用地。

设计名为"镜中舞"，希望能够从建筑微小的细节挖掘出强大的力量，去捕捉"理想国"中的每一个闪光的梦。"镜中舞"幼儿园立足于孩子们的感受和一切新奇的想法，将方与圆有机地结合在一起，时而突破，时而结合，形成的空间不确定性也许可以成为孩子们空间记忆的一部分，让孩子们成长的印记不经意间散落在空间的每一个角落。

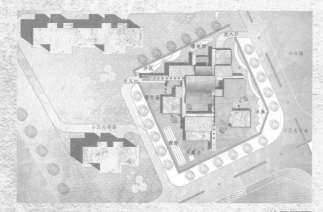

总平面图

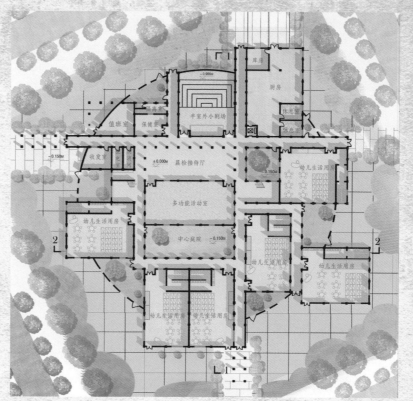

一层平面图

教师点评

该设计名为镜中舞，却做得非常扎实：在明确的圆形限定中，采取正负方格形式组织室内空间和室外空间，并统一以红砖墙为主要空间限定。空间逻辑关系清晰，俱梯墙架地五造建筑语汇应用得当，图纸表达完整内敛，很好地完成了二年级课程训练要求。

南立面图

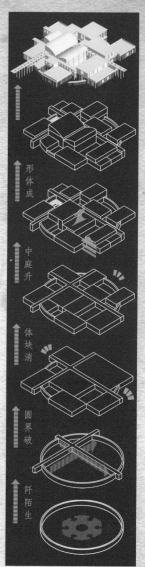

形体生成示意图

学生姓名：范阿诺　　指导老师：贾东　宋效巍

镜中舞——幼儿园设计
石景山区社区九班寄宿制幼儿园设计

"五造"分层分析图

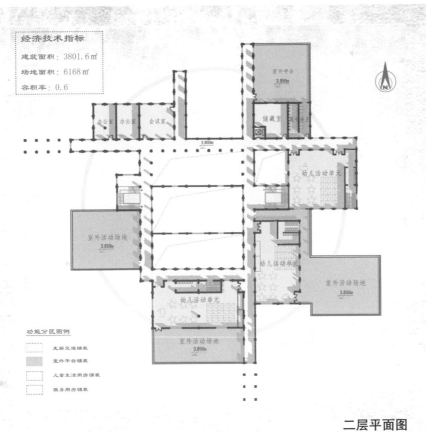

二层平面图

经济技术指标

建筑面积：3801.6 ㎡
场地面积：6168 ㎡
容积率：0.6

功能分区图例

手工模型展示

夜间模型效果

东立面图

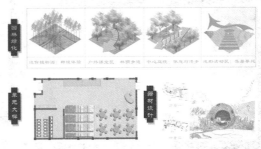

细节分析图

二年级

155

窥山
西山书院建筑设计

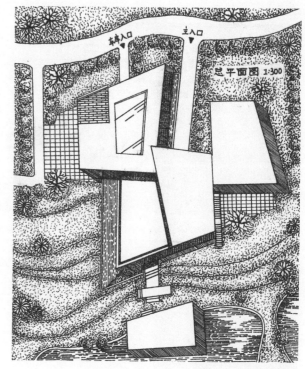

总平面图

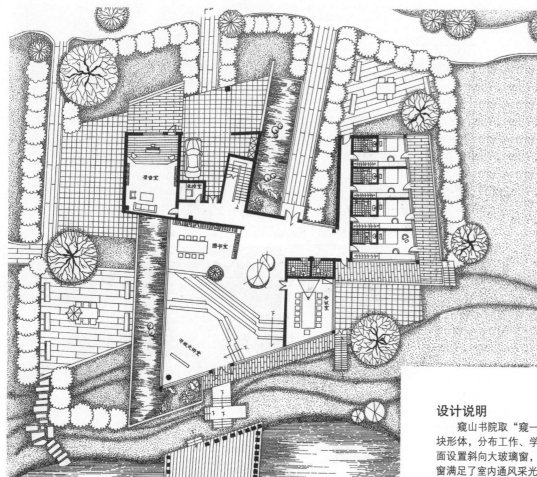

一层平面图

设计说明

窥山书院取"窥一山而知天下"之意，作为独立音乐人的创作空间。书院顺应山势拆分成三块形体，分布工作、学习、交流、生活等功能。建筑外形使用斜向屋顶，与西山山势相呼应，南面设置斜向大玻璃窗，满足室内通风采光的同时也将窗外山海之景引入室内。栅格状的大面积开窗满足了室内通风采光的需求，也仿佛悦动的琴键，与自然共谱一首心灵之曲。

教师点评

四边形形体组合覆以不同方向的坡顶设计其实具有一定难度，该设计在此限定下较好地解决了空间功能组织问题并认真进行俱梯墙架地五造设计，是一份认真完成了二年级课程训练要求的作业。

学生姓名：黄秋怡　　指导老师：贾东　宋效巍

南立面图

北立面图

二年级

156

窥山
西山书院建筑设计

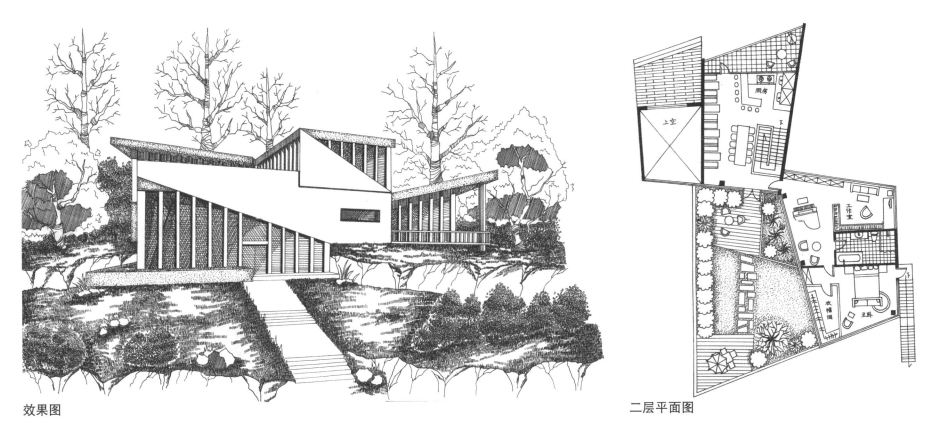

效果图

二层平面图

剖面图

局部效果图

布鲁布鲁
九班寄宿制幼儿园建筑设计

设计说明

　　蓝色是海洋的深邃，是天空的晴朗，是冰面上闪烁的光芒，是孩子们心中的梦想。布鲁布鲁幼儿园以蓝色为主题色，通过简单的几何形体构成活动单元，坡屋顶的房子仿佛小朋友们随手勾勒的房屋。室外场景及活动单元用流畅的曲线划分，赋予不同饱和度的蓝色，创造一种童真的梦幻感。

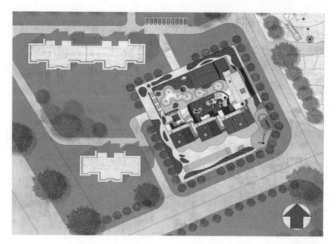

总平面图

效果图

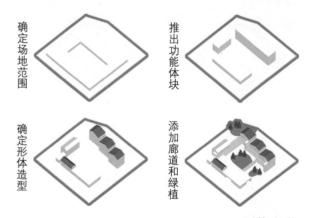

形体生成

教师点评

　　学生在担当冬奥志愿者的同时，充分利用寒假在校时间做了前期设计准备。开学后，在老师指导下较快完成了空间功能组织和俱梯墙架地五造设计，并较早进入了图纸组织阶段，其每一次关于设计与布图的汇报成为实际的班级示范，是一份很好地完成了二年级课程训练要求并有示范作用的优秀作业。

 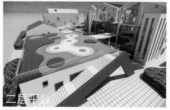 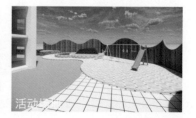

室外效果图

学生姓名：黄秋怡　　指导老师：贾东　宋效巍

布鲁布鲁
九班寄宿制幼儿园建筑设计

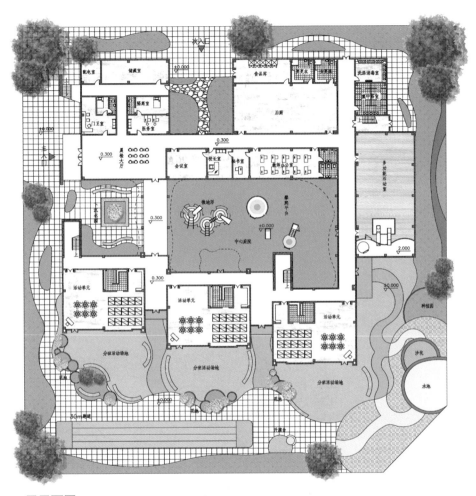

一层平面图

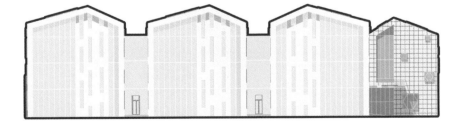

东南立面图

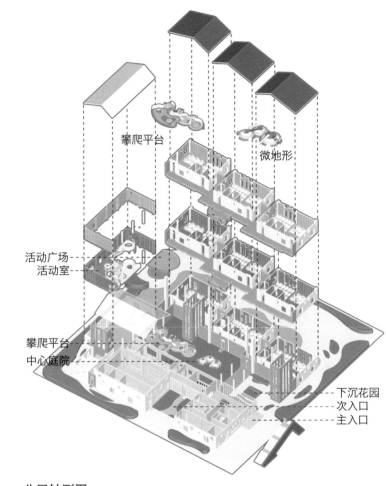

分层轴测图

西北立面图

二年级

设计说明

　　本次幼儿园设计以活力友好、自然健康为设计主题，通过整体空间围合，多元流线植入，多元活动营造的设计手法，形成最终的幼儿园设计。其中在空间营造层面，考虑儿童安全性因素，营造围合性空间院落，同时考虑儿童运动健身需求，打造屋顶平台的开放空间、围合院落的半私密空间、密林探险的私密空间。在景观营造方面，以自然康养、活力健康为理念，打造种植农院、密林探险、亲水友好的三大康养景观节点；打造活力沙坑、健康跑道、活动器械三大健康景观节点。在流线组织层面，考虑儿童活动、教职工工作、家长接送三大需求，构建活力健身、职工入园、后勤物流三大流线，同时形成院前广场、集散前厅、集散广场三大交通节点。

鸟瞰图

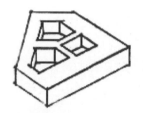 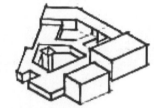 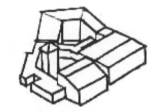

建筑空间围合　　　　**建筑功能推演**　　　　**多元活动营造**

设计概念推演

透视图

教师点评

　　该幼儿园作业立足于儿童的成长特性，梳理多元人群活动需求，针对多层次空间营造和多元流线组织提出清晰合理的策略和规划路径。并对园区公共空间详细设计，引入康体活动，迎合儿童需求，营建儿童活力共享的公共空间，整合形成景观体系，提升了园区环境和活力品质。作业整体上逻辑清晰，分析翔实，表达完整，成图美观，是一份优秀的课程作业。

二年级

学生姓名：辛鹏　　指导老师：王卉

九班幼儿园设计

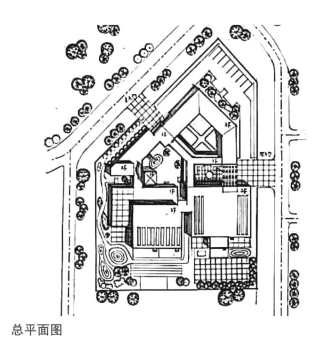

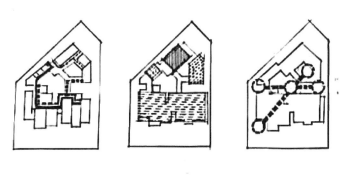

总平面图

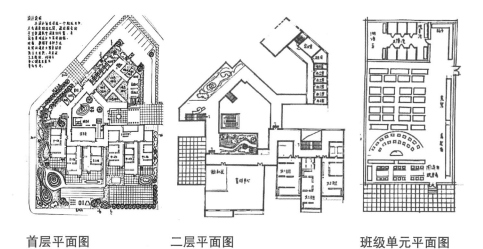

首层平面图　　　　　二层平面图　　　　　班级单元平面图

流线分析图　　　功能分区图　　　景观结构图　　　　剖面图

二年级

设计说明

"无规矩不成方圆"，整个设计以正六边形为主体形成空间造型，形成"方"的构式，并分成三个功能区，形成"三足鼎立"的局面。建筑体之间以廊道相连，中间围合成弧形广场和水体景观，体现"圆"的构式。建筑外形的方正给人严整之感，而活动空间和窗体廊道增添了灵动之势。"方圆"既是整体造型的设计构思，又是将与人思想融入其中的体现。

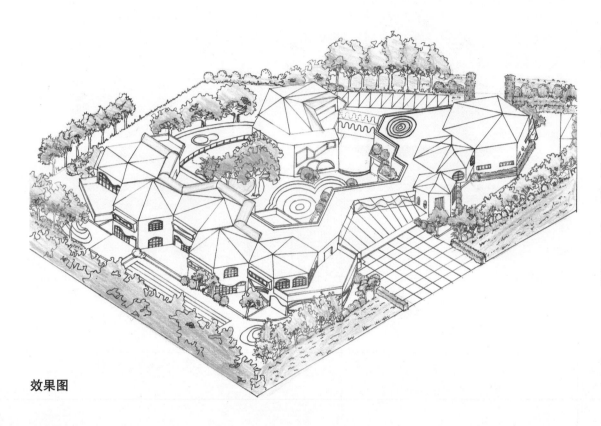

效果图

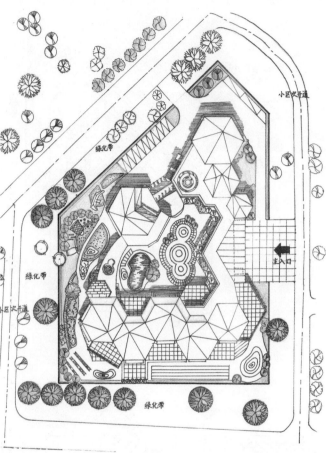

一层平面图

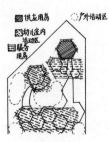

室外效果图

教师点评

学生在担当冬奥志愿者的同时，充分利用寒假在校时间做了前期设计准备。开学后，在老师指导下，较快完成了空间功能组织和俱梯墙架地五造设计，并较早进入了图纸组织阶段，其每一次关于设计与布图的汇报成为实际的班级示范，是一份很好地完成了二年级课程训练要求并有示范作用的优秀作业。

学生姓名：梁雪琳   指导老师：王卉

方圆 I
幼儿园设计

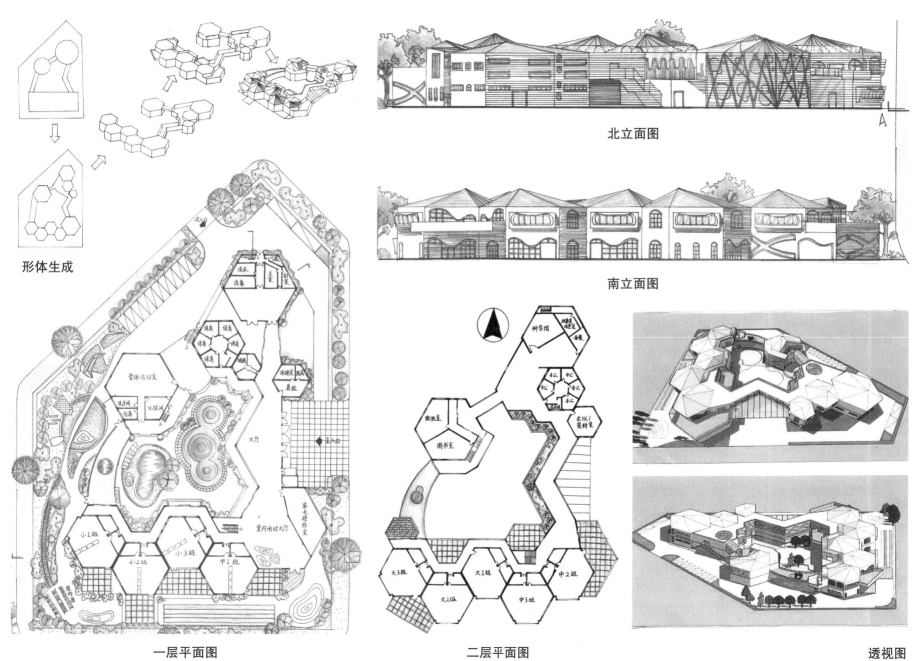

形体生成

一层平面图

二层平面图

北立面图

南立面图

透视图

二年级

墩墩
幼儿园设计

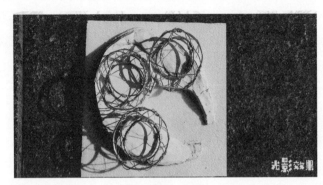

光影效果 **光影效果**

设计说明

本项目位于石景山区阜石路与北辛安路交叉口南，首钢工业遗址公园东的居住区内，为一所寄宿制的中型幼儿园。服务对象以小三口之家为主，重视幼儿的感受，让幼儿可以健康快乐地在这里成长，造型主题为四个外表为玻璃的"墩墩"，基底为具有科技色彩的"冰丝带"，让孩子们可以畅游在有创意的夸张造型里，感受空间的丰富变化，拓宽孩子们的想象力，度过一个快乐的童年。

实体模型

教师点评

这个设计的形体组织非常有特点，名曰"墩墩"，是几个鼓状的形体坐落在一个斜坡面上，学生做了大量的手绘来不断深化自己的设计思路，空间功能组织基本合理，俱梯墙架地五造设计也有一定特点。这是一份典型的有创意而且肯付出的二年级课程作业，值得积极鼓励和充分肯定。

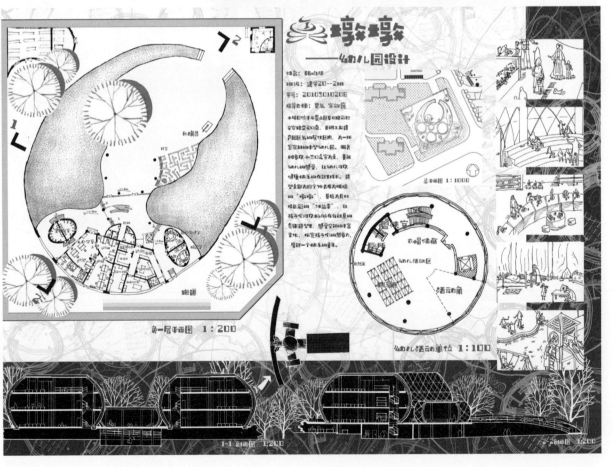

学生姓名：韩昀洁　　指导老师：贾东　宋效巍

墩墩
幼儿园设计

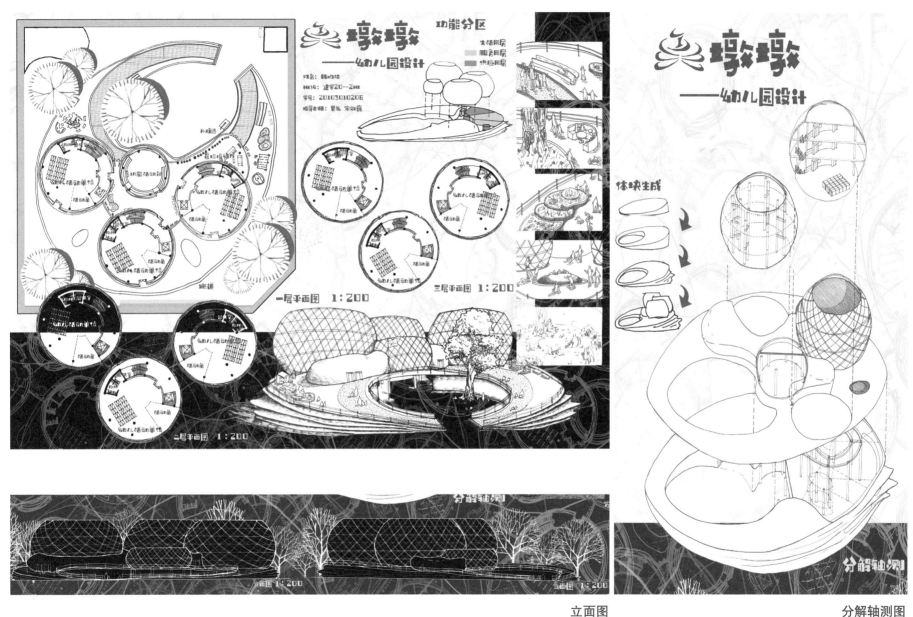

立面图

分解轴测图

学生姓名：韩昀洁　　指导老师：贾东　宋效巍

设计说明

本项目是位于北京市城郊景区香山公园内的私人美术馆设计，周边群山绿树环绕，邻近翠微湖，场地内保留有古树、古亭和溪流，主要功能包括：艺术作品和藏品的展示、艺术家工作室、艺术家内部聚会交流区域等。1.场地设计：以尊重自然、亲近自然的原则，在保留原有景观植被的基础上，将室内外环境相融合，利用局部架空设计巧妙解决地形高差，营造和谐共生的建筑与环境关系。2.建筑形体：参考附近建筑体量与风格，将中式与古典相结合，根据功能空间将体块化整为零，第五立面以坡屋顶为主，以传统园林中廊的形态组织交通空间。3.流线设计：有序组织游客、工作人员和艺术家的行进流线，并提供无障碍通道，保证货物运输、游览观展和艺术家交流的空间独立性。4.游览流线：采用放射串联和走道式相结合的动线设计，并在观展尽端设置观景平台，将场地中的原有建筑与景观引入游览流线，增强游览过程的趣味性。

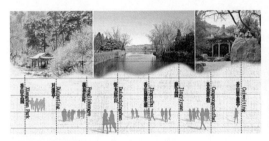

周边景观分析

历史沿革分析

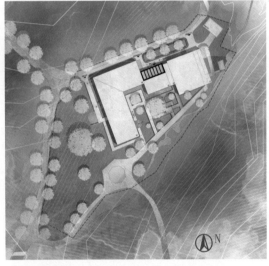

总平面图

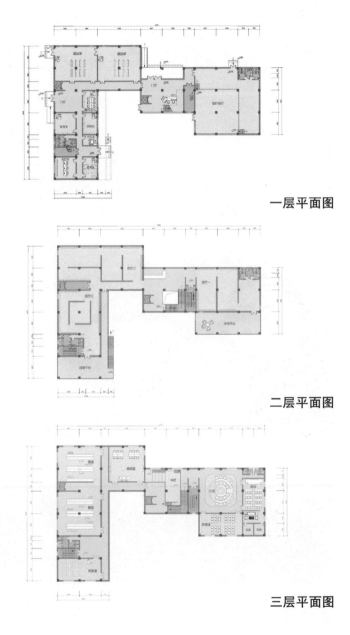

一层平面图

二层平面图

三层平面图

教师点评

独立完成翠微亭附近地块设计任务，场地设计与建筑形体能相互配合良好。内与外空间界定明确，与古树关系处理良好。建筑体量形态丰富，能够与周边环境很好地对话。内部空间序列围绕古树展开，与外部空间相互融合，彼此渗透。功能布局合理，流线清晰。图纸表达完整，制图规范，设计理念的图面表达良好。

二年级

学生姓名：李丹　　指导教师：王又佳　张竞予

效果图

流线分析

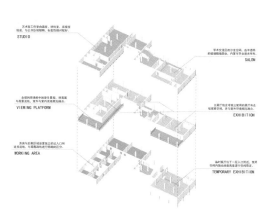

功能分析图

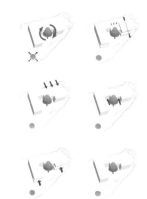

体块生成

立面图

二年级

效果图

设计说明

　　该书院位于植物园内，主面向东，且东面临水，自然环境优美，风景如画。设计灵感来源于一本打开的书。建筑的主要功能是书院，含一间主卧、四间次卧、一间会议室、一间讨论室、一间画室、一间工作室等，可接待四名弟子和众多访客。

百分之零
书院设计

教师点评

　　这个设计的形体组织简洁明快，而把相对较多的功能组织在简洁的形体中其实是有一定难度的。该设计严格遵循形体限定，空间功能组织基本合理，认真进行俱梯墙架地五造设计，同时在设计过程中，学生做了大量手绘工作，是一份认真完成了二年级课程设计训练要求的作业。

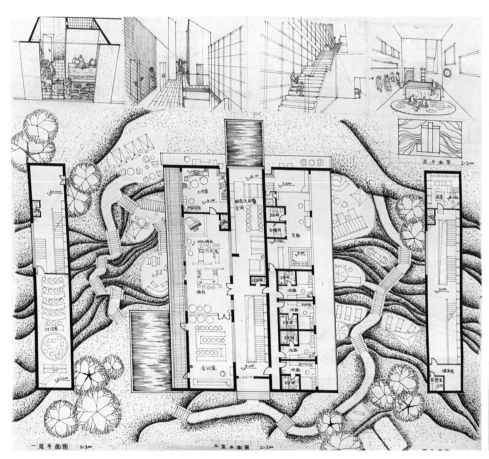

平面图

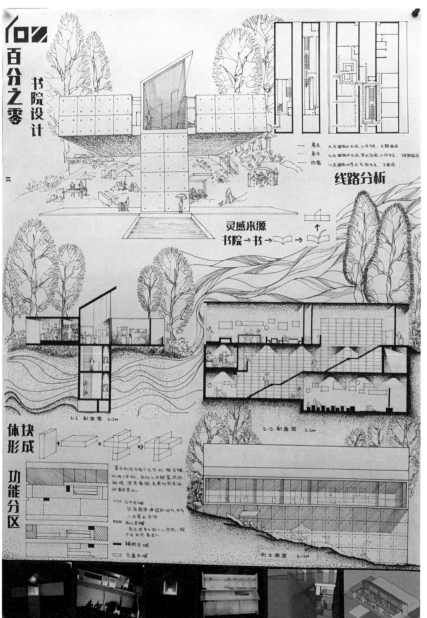

主图

学生姓名：韩昀洁　　指导教师：贾东 宋效巍

二年级

设计说明

　　该社区活动中心地处北京历史文化街区，周围建筑以四合院为主，具有明显的肌理感。本设计采用建筑间廊道连接的形式融入周边环境，在风貌上以坡屋顶进行协同。设计场地南侧设置水景及观景台，以北高南低的设计手法与南侧绿地进行景观的呼应，打造绿色、文化、共享的社区中心。

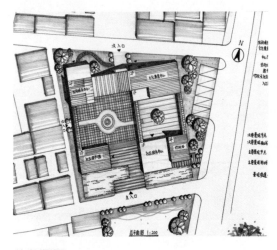

总平面图

效果图

教师点评

　　该方案对用地周边居住环境和空间形态进行分析，围绕文化、休闲、社区服务等为主要功能，建设社区活动中心。由于设计地段位于北京历史城区内，建筑充分借鉴了传统设计元素，在空间组织、尺度比例、屋顶形态、立面材质等方面与周围历史环境取得了良好的协调关系。

立面图

学生姓名：王欣彤　　指导教师：王卉

二年级

畅游色想
视觉传达设计平面手绘技法——色块组合

细节图一

学生姓名：周丽薇　　指导教师：张鹏程

设计说明

　　色块，不但让人赏心悦目，而且在高楼林立的城市中，符合现代人追求视觉效果和动态观赏的需求。在色块的美学价值中，通过不同的颜色转折和不同的起伏产生不同的视觉变化和感情变化。在大胆的用色中迸发的所有创作灵感，是色块组合给我带来的创造性和趣味性。在"畅游色想"的设计中，通过彩铅颜色鲜艳、易过渡的优点，将富有韵味的女性人体、乐器、柔软的枕头与不同颜色进行组合，体现出有序的美感，富有韵律的变化，创造生动的、活泼的、自由的立面效果。以此希望给人带来视觉上有趣、放松的感受。

教师点评

　　该作品构图生动活泼，色彩使用大胆有力，采用平面视觉语言中的渐变效果表现多个人物的视觉穿插。整体效果自由洒脱，无拘无束地表达了作者对想要表现事物的理解。彩铅的使用为画面增添了灵动的肌理效果。整幅画作表现一气呵成，是一幅优秀的视觉表现作品。

局部图一

局部图二

二年级

山丘集市
快节奏与慢文化的冲突结合

设计说明

　　随着信息时代的来临，传统集市正在经历一种新鲜而剧烈的冲击。在这个传统与未来并存的时代，一些过去的形式需要加以改变，集市正是当今面临改变的一个话题。我们尝试在重庆这个盛行"慢生活"文化的快节奏城市，有着与集市面临相似矛盾的冲突感地区思考并设计。此方案意在体现"回归自然与原始、轻松和谐的意境"——慢文化的宗旨，以贴合峭壁的线形为建筑节奏，出挑与拱形空间成为观景场所，观止长江，仰望古树，感受四季的缓慢变化与时间的流逝。

环境分析图

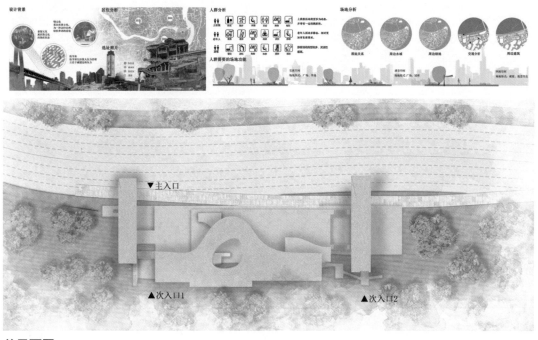

总平面图

人视角透视图

教师点评

　　山丘集市，设计了一座濒临长江江面、背靠堤岸山地的综合功能的复合型商业建筑。设计者在一轮一轮的方案推敲中，在指导老师的鼓励与帮助下，利用了山地空间特征，以及垂直、水平多样的空间堆叠、穿插、连接手法，创造了趣味性的建筑与场地景观空间，与当代重庆城市快节奏、慢生活冲突且融合的气质相贴合，形成了富有地域特色及时代特征的山丘市集。

学生姓名：谭淇　王钰然　　指导教师：钱毅　张宏然

三年级

山丘集市
快节奏与慢文化的冲突结合

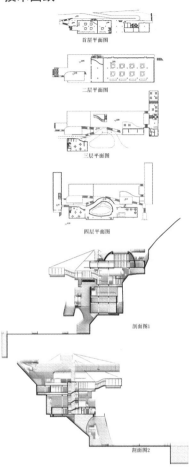

技术图纸

首层平面图

二层平面图

三层平面图

四层平面图

剖面图1

剖面图2

俯视视角透视图

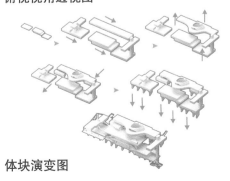

体块演变图

局部透视图 1

局部透视图 2

三年级

173

曲廊公寓
共享社区设计

设计说明

　　曲廊公寓的设计灵感来自对"社区"概念的推敲，联想到社区具有一定的中心连接的建筑设计，因此采用建筑围绕中庭的设计手法，进行共享社区的创建。在这些社区中，最典型的形式是：居民们有各自的住宅，有各自的厨房、洗手间，每个家庭保留有足够的个人空间。在这个基础上，社区内的居民共同拥有起居室、厨房，有的还有属于居民共有的花园、儿童游乐场地、会客厅和工作室。共享社区就是追求人与自然、人与人、人与精神和谐共处的一群人的社群，以共享为纽带，在住宅空间区域中凝结起的生命共同体。为了达到"共享"的主题，设计采用外廊式的连接方式，其次设计内廊与之呼应。在彼此联系的同时又不会因为气候要素而造成空间的矛盾。柱子采用圆柱形式，柱网的排布则利用三个圆相互交叉进行排列，进一步呼应"曲"的元素。

总平面图

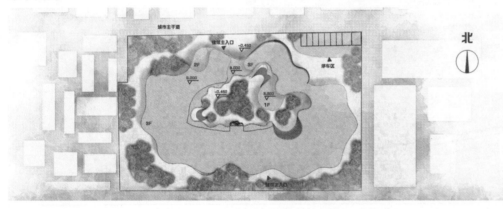

北

教师点评

　　曲廊公寓，在设计上具有鲜明的特点，基于"共享"的理念，建筑围绕大型的中央庭院展开，将养老设施、青年公寓与社区活动空间等不同功能要素融合在环形建筑中。环形建筑在水平、垂直、三维这些不同向度上模仿了波浪的动态曲线意象，创造了丰富且浪漫的建筑空间，与丰富功能的混合性使用相适应。

三年级

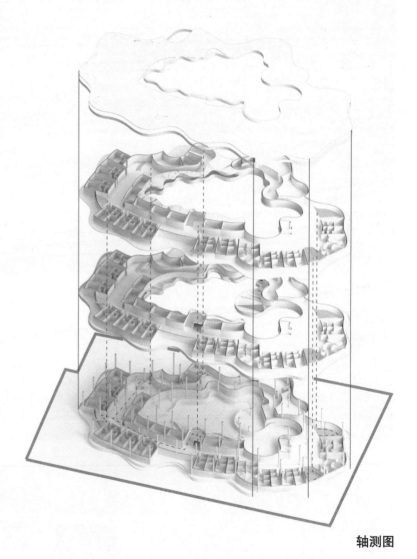

轴测图

学生姓名：谭淇　王钰然　　指导教师：钱毅　张宏然

曲廊公寓
共享社区设计

人视角透视图

首层平面图

二层平面图

三层平面图

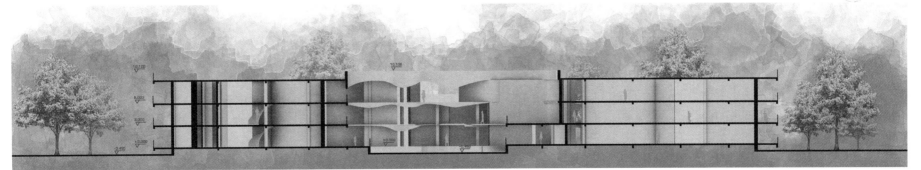

1-1 剖面图

设计说明

　　在历史的长河中，人类文明的延续往往是沿着江河顺水而流，流水似乎成了流动的媒介，承载着人类活动的生命。依山而居，傍水而聚，长久以来文明的演传，让依山傍水成了人们聚居的必要条件，更是由此产生了许多功能丰富的场所，从简单的生活起居，到丰富多样的赶集交流，于是将曾经沿海的码头演变成有曲水、叠山的公共集市，更体现了传统的节气文化与现代未来的居民生活结合，并且多样的场地与空间流线，也很大程度上丰富了地块的功能，让其从简单的传统赶集衍生出休憩、交流娱乐的多样功能，这也正是过去传统的单一与未来快节奏的丰富生活结合的特性。

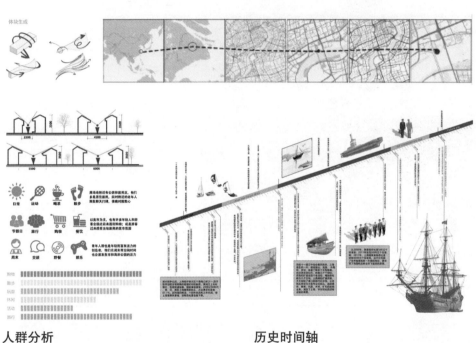

人群分析　　　　**历史时间轴**

教师点评

　　这座集市选址在城市滨水地带，用地是废弃的货运码头。设计巧妙利用了原码头用地，设置集市建筑和场地景观。流动的空间形象取自曲水和叠山的意向，意在将传统文化的意境、工业时代的遗存及具有现代感的空间形式结合，创造结合交流、娱乐和商业等丰富功能的集市。

学生姓名：陈羽妮 亚小雨　　指导教师：钱毅 张宏然

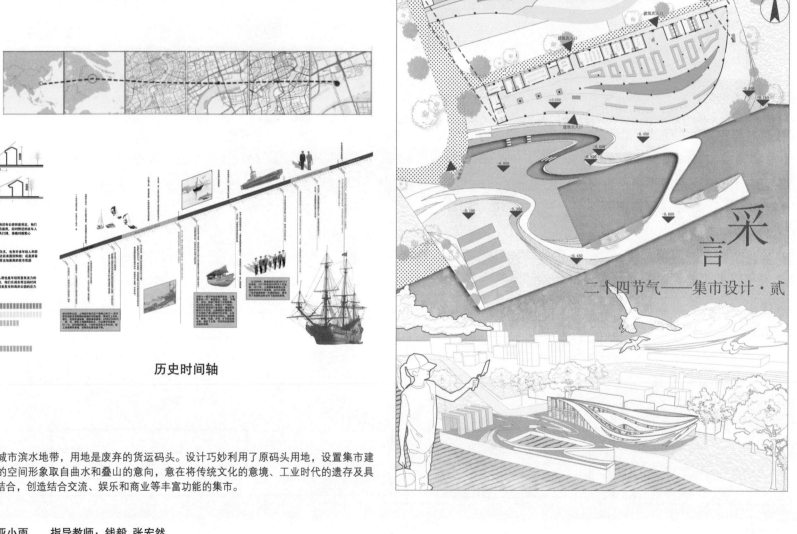

二十四节气——集市设计·贰

三年级

采言
二十四节气——集市设计

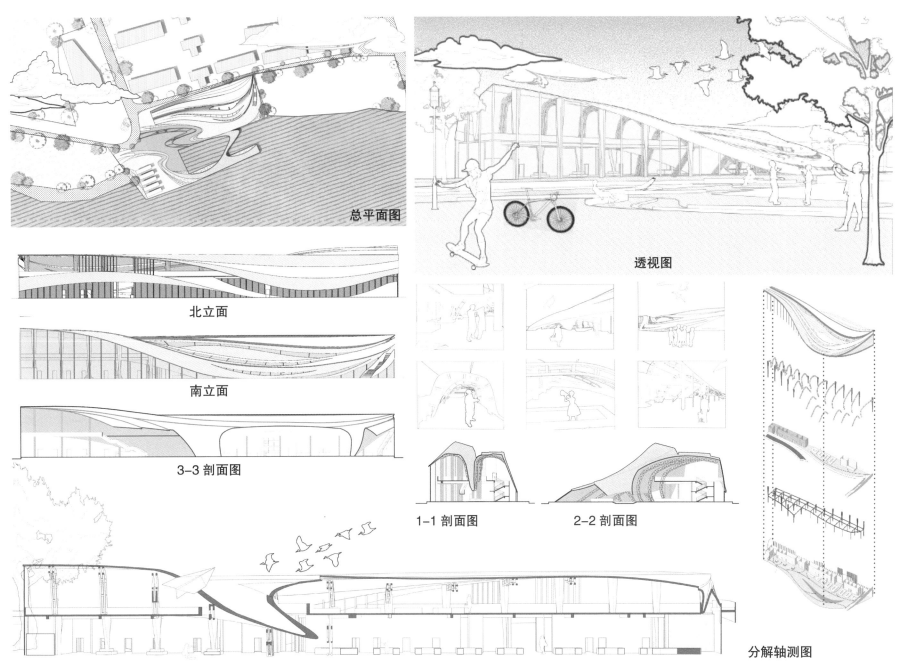

总平面图

透视图

北立面

南立面

3-3 剖面图

1-1 剖面图

2-2 剖面图

分解轴测图

设计说明

本次设计地块位于浙江省台州市黄岩区三江新区。该地区农田面积大，第一、第二产业发达，但是周围的工厂对居民生活造成了困扰，此问题亟待解决。所以，本次设计把提升居民生活满意度、提升生态文明建设水平、做优做大区域特色农业为目标，对地块进行设计改造。

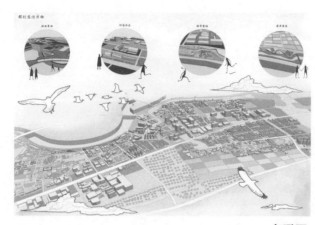

鸟瞰图

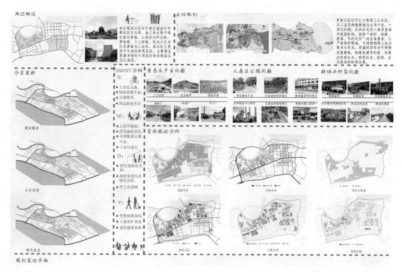

更新地块一平面图

总平面图

更新地块二平面图

教师点评

设计项目选择我国城市化进程中独具特色的浙江工业市镇为对象，研究该地区城乡发展特征及问题，选题具有较好的理论和实践意义。作品充分考虑了城、江、厂、村之间的空间和经济社会关系，提出了有效提升工业小镇生活环境品质的规划策略；并强调滨水空间的开放性和可达性，保护农田，保护传统街市肌理，完善生活圈配套，形成了具整体性的城市设计方案。设计方案主题鲜明，表达充分美观。

学生姓名：张睿祎 张媛媛　　指导教师：许方

三年级

重塑·新生
城市更新设计

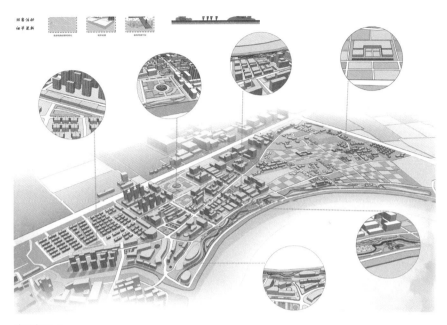

鸟瞰图 1

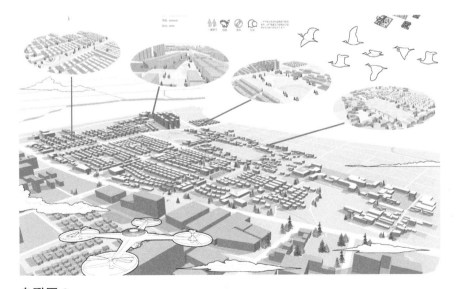

鸟瞰图 2

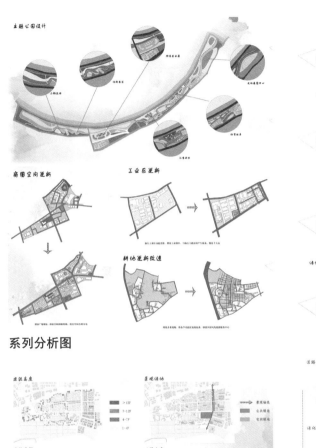

系列分析图

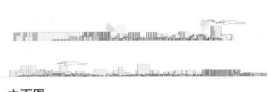

分析图

立面图

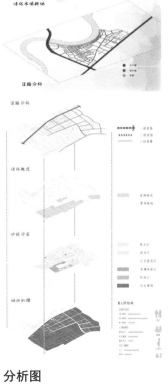

分析图

三年级

设计说明

　　本项目位于河北省廊坊市，在健康和智慧的大背景下，探索开放住区设计的新理念，力图解决传统社区问题，设计方案设有单元户型4种，兼顾住宅面积与实用性，同时配有老年人活动场所、教育学堂、幼儿园、室内健身空间和商业配套，满足生活需求，打造产城融合、开放共享、生态宜居、智慧共生的新型开放住区。

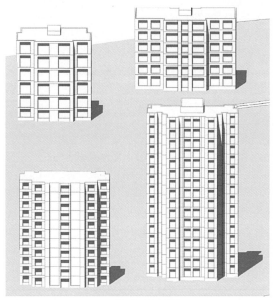

住宅立面图

教师点评

　　该方案结合用地特征，合理布置了空间，整个规划结构清晰，主要轴线、次要轴线及景观节点设计分明，建筑群体整体感较强。图纸表达准确，图面效果较为突出。

三年级

学生姓名：张若瑶　　指导老师：许方

总平面图

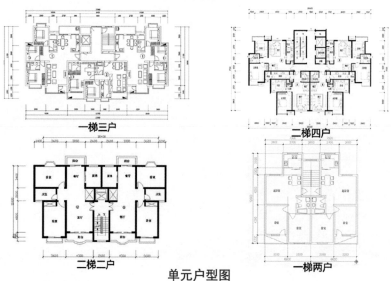

一梯三户

二梯四户

二梯二户

一梯两户

单元户型图

鸟瞰图

三年级

鸟瞰图

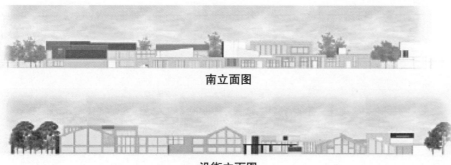

南立面图

沿街立面图

设计说明

　　本设计方案基地位于北京市西城区旧鼓楼大街，紧邻中轴线，是北京老城的"灵魂与脊梁"，擦亮中轴线这张"金名片"，对于北京老城保护意义之大，因此方案紧贴此点展开，并从文创、老城、自然三者中挖掘其共同特征，从中提取了两个关键词：生生、活力。"生生"为生发不绝之意，"活力"则为老城新规，二者既有象征老城遗产一代代绵延不绝的生命力，又有新生的活力韵味。

教师点评

　　该方案结合用地特征，合理地布置了空间，整个规划结构清晰，主要轴线、次要轴线及景观节点设计分明，建筑群体整体感较强，图纸表达准确，图面效果较为突出。

三年级

学生姓名：张若瑶　　指导老师：许方

城市飘带
绿色建筑视角下的城市中心区设计

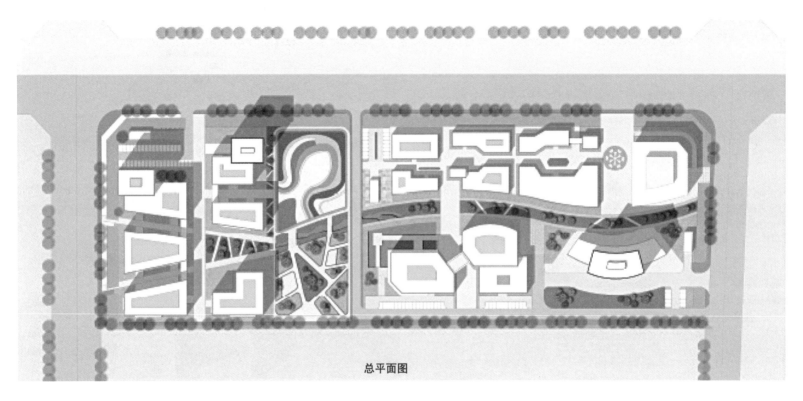

总平面图

设计说明

　　该地块位于北京市石景山区，北临永定河，西接八大处，交通便利，打造山水文化融合的生态宜居示范区，结合2021年提出的"碳中和"理念，打造海绵城市、绿色建筑、经济繁荣的城市中心区。设计以"城市飘带"命名，旨在打造中央绿带景观，建筑分布于绿带两侧，按照有机生境、智能人文、便捷宜人的设计理念。

教师点评

　　该设计用地为狭长形状，设计方案结合用地特征，合理地布置了产业、绿地、商业、文化等多种用地类型，并设计了带形景观系统贯穿整个用地，连接各个功能区块。整个规划结构清晰，主要轴线、次要轴线及景观节点设计分明，建筑群体整体感较强，图纸表达准确，图面效果较为突出。

学生姓名：张若瑶　　指导老师：许方

节点分析图

三年级

183

湿烟如许

北京东城区社区生活圈有机更新

设计说明

基于老城改造打造无边界创新街区。紧贴城市原有肌理，发挥"主城"区位优势，集聚高端创新要素、构筑开放式创新空间，以老城区保护与改造提升为契机，对现有老写字楼、旧厂房等加以改造，释放创新空间，嵌入式容纳大街小巷创新创业者，打造"生产、生活、生态"三生融合的无边界创新街区，实现城市更新与创新区的协同共生。

教师点评

湿烟如许设计地段选址于北京市东城区的一处传统街巷内，周边遗产资源比较丰富。用地现状功能混杂、街巷狭小、建筑质量不佳，设计难度较大。该方案对现状资源进行详细的梳理，保留有价值的建筑、街巷、开放空间等元素，在尊重原有场地肌理的基础上进行适应性更新，并结合生活圈理念进行功能的增添和重构。

功能定位

方案从场地文化、人居、发展三方面的困境出发，以北京传统文化内涵为魂，形成在"生活圈"理念引领下的北京历史文化街区，打造留存时代记忆的健康住区。

A. 为了适应城市多元化营造更加舒适理想的高品质社区居民生活空间。

B. 在尊重公共空间传统使用方式的基础上，挖掘潜在的公共空间并整合片区空间资源，从而延续和丰富居民在公共空间中的日常生活。

居住　出行　商业　文化　健康

更新目标：
① 对接总规要求与核心区自身发展需求
② 构建协调多元利益主体的平台
③ 管理边界与城市权属关系边界的拟合
④ 适应近期与远期发展需求

发展态势·规划视角

■城市/北京/ 严格保护历史文化街区风貌 要素保护、整治

■地区/东城区/ 保持风貌 住品优化

■基地/体育馆路街道北部住区/ 分区明确 风貌独特 可达性好 品质不佳

文化视角：文化传承断裂／文化保护缺位失频
人居视角：人居品质低下／环境品质欠佳／私密性缺失
产业视角：发展动力不足／无创新功能引领发展

鸟瞰图

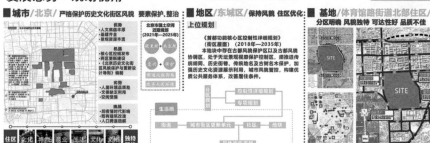

场地解读·人本视角

学生姓名：张博华　　指导教师：王卉 于海漪 许方

三年级

湿烟如许

北京东城区社区生活圈有机更新

总平面图

功能分区分析

公共服务分析

道路系统分析

景观节点分析

策略落地
创新街区落地

具体策略

街巷空间整理

院落空间整理

创新街区更新模式

社区活动中心

峡园
南岗子天主教堂

街区更新模式——"肌理插入法"
根据肌理引入实体或者根据肌理产生实体，即根据其肌理局部地以旧代新，用"新四合院"代替原有的传统胡同四合院。

更新方式——低层住宅
通过建筑四面围合的布置方式，以达到节约土地、与环境协调的目的，并创造宜人尺度的生活空间。

住区模式——"街区住宅"
街区占地有限，周边与传统胡同、文创产业园相邻，沿边的建筑顺应街道走向布局，低层部分置入各色商业、服务业等，以公共功能服务、融合于城市；同时，街区内部的住宅也具有良好的围合感。街道宽度适宜，两边界面友好。

新住区规划原则
人性原则：日常生活是唯一真实的世界
紧凑原则：促进住区可持续性发展
开放原则：全面融入城市
混合原则：激发社区活力

新住区设计原则
规划形态：紧凑型小街区原则
建筑形态：多样型合院式住宅原则
公共空间：宜人的公共空间原则
公共空间：宜人的公共空间原则

新四合院更新模式·线索串联落地

新四合院以传统四合院为原型，每一个院落组团由三个院落单元组成，每一个院落单元的中心是一个 10m×10m 的院子，高度 2－3 层。

"新四合院"
向心性　开放性　对话性

存旧融新，功能体系构建
元素整合，路径串联　主题胡同
文化探访路径

新四合院落地

节事时间梳理

节庆类节事落地

三年级

阳春烟景
北京市石景山西黄村片区城市中心区设计

基地现状分析

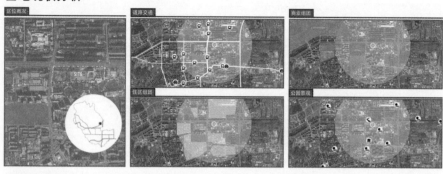

教师点评

  该地段位于北京西部，既属于高密度城区创新园区，又可远眺西山的秀美风景。作业合理解决了城市中心区复杂功能的叠加，又兼顾美好环境的塑造，重视使用者心理体验。通过借景的手法，诗意地结合了人工与自然。作业超额完成了课程要求，设计合理，图面表达充分。

策略导向

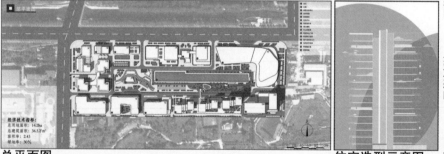

总平面图

住宅选型示意图

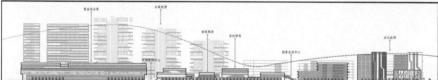

永引渠南路沿街立面图

学生姓名：张博华 指导教师：王卉 于海漪 许方

鸟瞰图

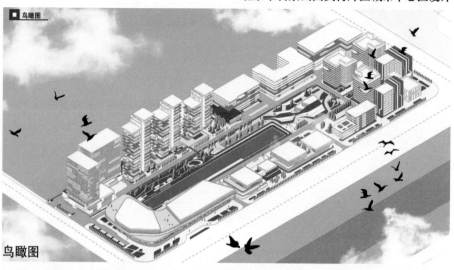

鸟瞰图

设计说明

  面对越来越紧缺的城市用地，我们需要跳出常规的思路，考虑城市用地的复合利用和综合开发，并实现公共空间和区域发展的激活，通过相邻土地性质的整理，最大化地将周边城市用地复合利用并推动城市的建设依托河道建立的慢行系统能起到更强的主导作用，滨水景观会具有更强的吸引力。

功能分区分析图

景观分析图

道路流线分析图

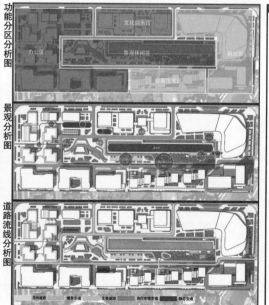

组团分析

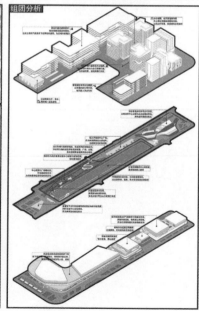

城市中心设计

设计说明

　　该地块南北邻住宅区，东邻科技园区，西靠 S5 怀密郊铁路、京张高铁、13 号昌平线南延等铁路线。该地块的设计以"时尚、适用、可持续发展"为设计主旨，具有前瞻性，追求流线美，并融入现代技术美与人情味，点亮城市空间，以吸引周边地区居民。本次设计中设置了多等级的商业空间，供不同规模的集会、购物、休闲以及游乐。通过将商业空间环境化、休闲化手法的导入，使得整个商业区具有独特的时代风格。商业区与科技区、文化区相连，让人们在购物娱乐的同时感受知识的熏陶，且走廊的连接使得各个空间不再孤立，成为一个整体，互相关联。建筑单位上的设计是将人们活动空间与建筑空间巧妙地融为一体，让人们感知建筑，与建筑创造彼此联系，从而创造出富有绿色人文内涵的城市中心。

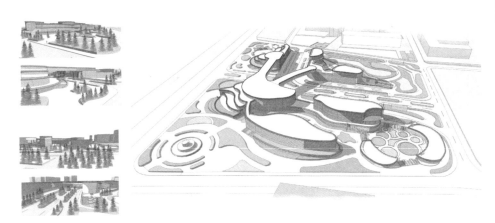

局部细节　　　　鸟瞰图

教师点评

　　《城市中心设计》该方案主要以商业、文化、展示等功能为主，整体功能布局合理，结构清晰。交通流线采用人车分流的方式，建筑二层也以连廊相连，塑造了良好的步行系统。整个地区的空间组织富有特色，采用流线型的设计方法，建筑整体具有韵律感。场地的设计与建筑形态的结合也比较巧妙，整体感较强。

学生姓名：张媛媛　　指导教师：王卉

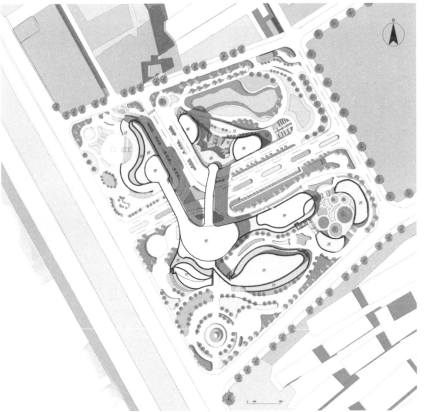

平面图

沿街立面 1

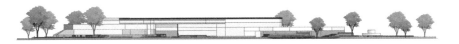

沿街立面 2

三年级

朝旭未露
幼儿园设计

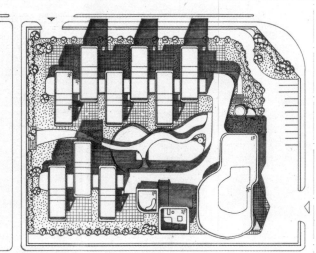

总平面图

设计说明

    本设计以儿童生理及心理需求为出发点，以积极营建朴实童趣的空间为主旨去满足儿童的表现欲，使场地与空间在足够支持儿童安全和舒适的前提下尽可能地发挥自己的探索欲。在建筑框架方面，本设计采取了"王"字的变形，以庭院式的方法组织班级单元体块的交错，并在整体空间层面形成半包围之势。

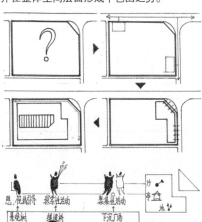

场地分析

    场地主入口规避城市主干道预置友入口保证安全性要求。

    弱化不规则场地带来的不便，回应周围环境以设置边练景观又辅助功能。

    细化场地内部道路形成区别于外部交通的道路交通逻辑。

学生姓名：张博华　　指导教师：王卉 于海漪 许方

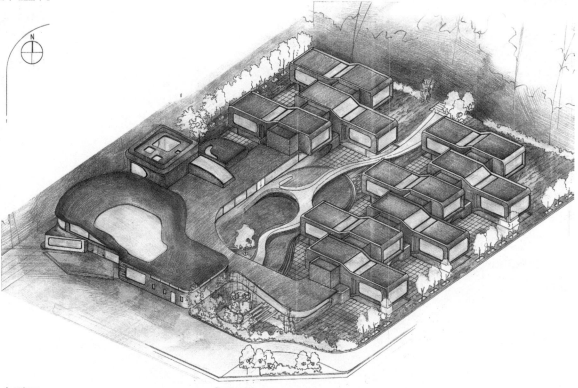

鸟瞰图

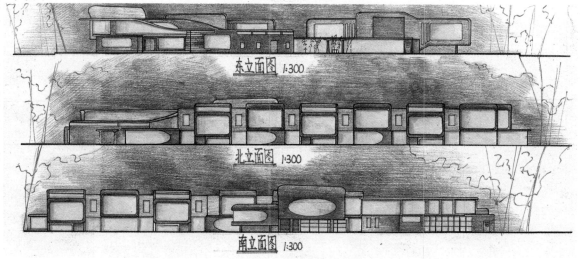

东立面图 1:300

北立面图 1:300

南立面图 1:300

三年级

朝旭未露
幼儿园设计

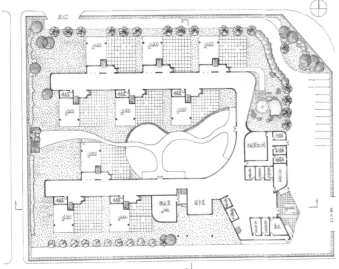

一层平面图

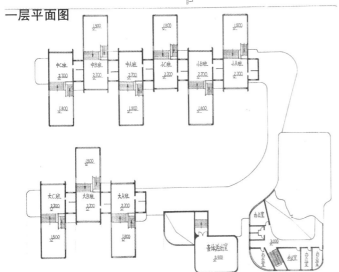

二层平面图

A-A 剖面图

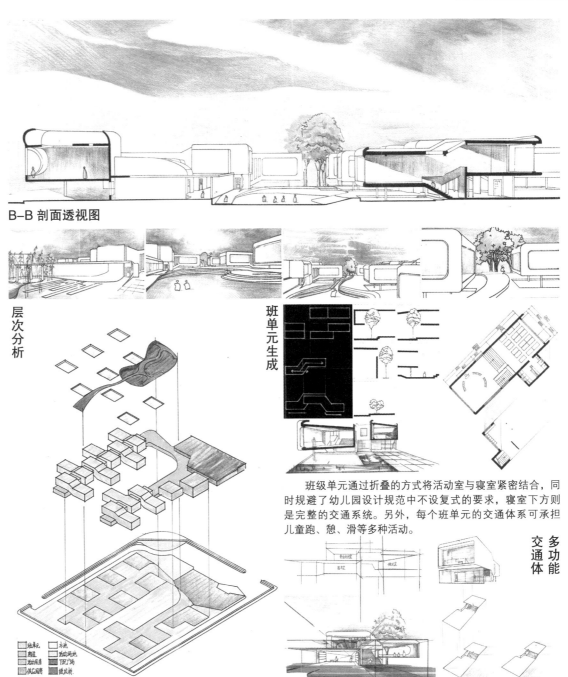

B-B 剖面透视图

层次分析

班单元生成

班级单元通过折叠的方式将活动室与寝室紧密结合，同时规避了幼儿园设计规范中不设复式的要求，寝室下方则是完整的交通系统。另外，每个班单元的交通体系可承担儿童跑、憩、滑等多种活动。

多功能
交通体

三年级

HIDDEN IN THE GARDEN
行动问题康复中心

设计说明

人随着年龄的增长，经常会出现行动困难的问题。行动困难会严重影响生活品质，更会影响健康和安全。行动困难会影响老人的日常活动，例如下床、上厕所、洗澡，都会因行动困难而变得十分不便。对户外活动的范围也会造成很大影响。有些行动困难的老人因为下楼困难，很久都不会下楼，也有很多老人因为行动困难不会出远门，严重影响了生活质量。因此，我认为需要帮助老人们尽量摆脱行动困难的困扰，提高他们的生活品质，同时保护他们的安全。

设计中需要留出能够摆放专业设备的康复区域，由专业人员辅导进行康复，需要无障碍设计，让行动困难的人可以尽可能自主地在建筑内活动，保证安全是最重要的。建筑内包括康复空间、卧室、餐厅、值班室……室内空间要避免产生像医院一样的氛围，避免增加人的紧张心情。室内空间要更接近自然，更贴近家的感觉，让人可以放松心情，保持良好的心理状态。

建筑充分尊重原有场地，将建筑进行整体下沉，并加入屋顶绿化，尽可能将建筑隐藏在原有环境中，把建筑占据的原有花园空间通过屋顶绿化归还。保留场地内树干直径超过10厘米的树木，通过各种手法将树木融入建筑，让建筑融入自然。

花园北侧道路视角渲染图

教师点评

建筑充分回应场地，并通过屋顶覆土和整体下沉的方法尽可能减少对原有环境的影响。对场地原有树木的保留也是很好的做法，建筑与树木三种不同的关系处理也很有趣味，但是在平面图图中应该更加强调原有树木的位置。室内动线流畅，为行动困难的人提供了无障碍的生活环境。

学生姓名：金一尘　　指导老师：Ivan

三年级

STAFF ONLY　　RESIDENT ONLY　　PUBLIC
(FOR PEOPLE WHO LIVE IN THE REHABILITATION CENTER)

N ↑

1　BEDROOM
2　READING ROOM
3　ROOD GARDENING

F3

N ↑

1　BEDROOM
2　READING ROOM
3　ROOD GARDENING

F2

N ↑

1　BEDROOM
2　DUTY ROOM
3　TOILET
4　RESTAURANT
5　LEISURE SPACE
6　REHABILITATION SPACE
7　COURTYARD
8　KITCHEN
9　OFFICE
10　WAREHOUSE

F1

平面图

行动问题康复中心

SOUTH ELEVATION　　　　　EAST ELEVATION

NORTH ELEVATION　　　　　WEST ELEVATION

立面图

室内渲染图 1

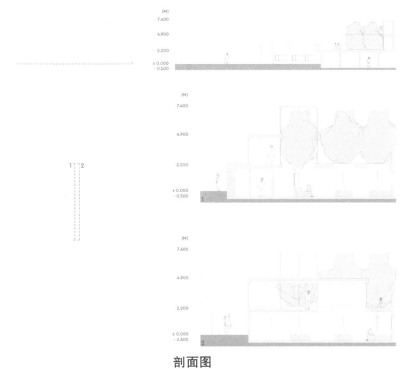

剖面图

室外渲染图

室内渲染图 2

室内渲染图 3

三年级

游烟火人间，守草木之心
基于健康社区理念下的城市更新设计

设计说明

此次更新设计以北京市西城区琉璃厂片区居住区为基地，选取其中具代表性的地段进行更新和规划设计。整体理念以健康社区为主线，在提高老城居住区人居环境品质和公服配套的基础上同时考虑老城文化传承和发展的文脉路线，增设与大栅栏地区相呼应的历史文化体验与打卡一条街，并引入新兴文创产业文化和对应配套的公服配套设施。以期通过更新实现对于琉璃厂历史片区居住区的新一次激活和焕发其新的老城活力。

现状总平面

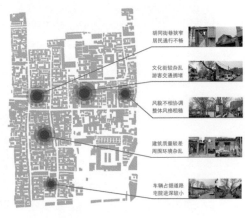

胡同街巷狭窄
居民通行不畅

文化街较杂乱
游客交通拥堵

风貌不相协调
整体风格粗糙

建筑质量较差
周围环境杂乱

车辆占据道路
宅院进深较小

综合现状分析

改造后现状平面图和效果图

教师点评

设计地段选址于北京市琉璃厂地区，紧邻琉璃厂西街和大栅栏历史文化街区，地区历史资源丰富、文化遗产众多。该方案在对用地及周边历史遗产充分的挖掘和分析的基础上，结合周边环境资源进行整体性设计，通过文化旅游路线和景观系统把整个地区的历史资源相互串联。整个设计完整、充实，图面表现效果较为突出。

学生姓名：陈艺璇　　指导老师：王卉　于海漪　许方

三年级

戏融三生，三寻村头
文化活化视角下的村头村乡村规划设计

设计说明

　　本设计获得 2021 年全国高等院校城乡规划专业大学生乡村规划方案竞赛优胜奖。设计积极挖掘地域乡村文化，推进乡村文化和旅游融合（文旅融合）发展是促进乡村振兴的有效路径之一。绍兴市作为历史文化名城，是浙江省共同富裕政策推进的重要基地。规划基于村头村的文旅融合目标进行建设，以独有的水乡社戏文化活化村落三生空间，形成村落"三寻"剧本杀路线，从特定场所及民俗文化中挖掘基地独特文化符号，并形成乡村旅游中的特定文化场景。

寻忆·蛇医箍桶民俗戏

寻味·梦里轻螺春翁戏

鸟瞰图

任务一：找到在螺蛳宴中的线索人物，并想办法得到他的提示。

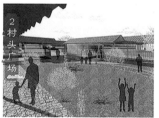

任务一：找到持有线索的其中一户人家并与其交谈得到线索。

任务二：用规定的货币买到通往下一关卡的线索。

任务二：在村头广场上完成指定动作，与指定人员交谈。

任务三：在畅饮的人群中寻找到关键人物间询线索。

任务三：乘坐乌篷船完成指定任务，获得信息。

教师点评

　　本设计选点合理，对于乡村存在的问题进行了积极的探索。设计思路清晰、目标明确，从提出问题到分析问题的过程清晰。方案从三生空间的视角来研究乡村发展问题，对人的行为特征进行了认真的探讨，用剧本杀这一特色化的形式串联水乡小镇的故事化空间路线，解决问题思路清晰。

村头村剧本杀故事规划场景

四年级

学生姓名：王晔昕　郑则立　辛鹏　田惟怡　王欣彤　李金鹏　　指导老师：李婧　梁玮男

驿站焕活 繁华延续
以驿站重生为导向的京西传统村落振兴计划

设计说明

设计致力于完成以京西文化为突破口、以民俗技艺为记忆特色的复兴古道驿站功能的传统乡村愿景，依托村庄现有独特的山水格局，以石佛岭古道为核心，结合村庄内的传统建筑资源，背靠其后的京西文化，打造京西古道上的一颗闪亮明珠。特别响应传统村落集中连片保护利用的政策号召，联动京西古道周边村落形成完整体验线路，共同举办京西文化节。

鸟瞰图

教师点评

设计选点合理，对于乡村存在的问题进行了积极的探索。设计思路清晰、目标明确，从提出问题到分析问题的过程清晰。方案从衣食住行的日常生活视角来研究乡村发展问题，对人的行为特征进行了认真的探讨，用京西古道这一特色文化线索串联乡村小镇的故事化空间路线，解决问题思路清晰。

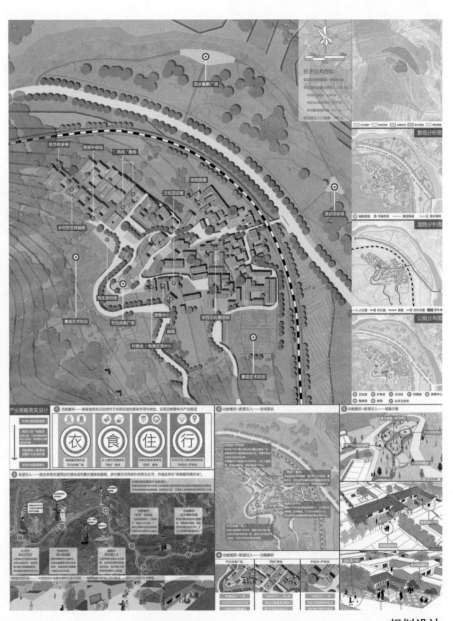

规划设计

学生姓名：郭妍 魏欣　　指导老师：李婧 梁玮男 任雪冰

四年级

驿站焕活 繁华延续
以驿站重生为导向的京西传统村落振兴计划

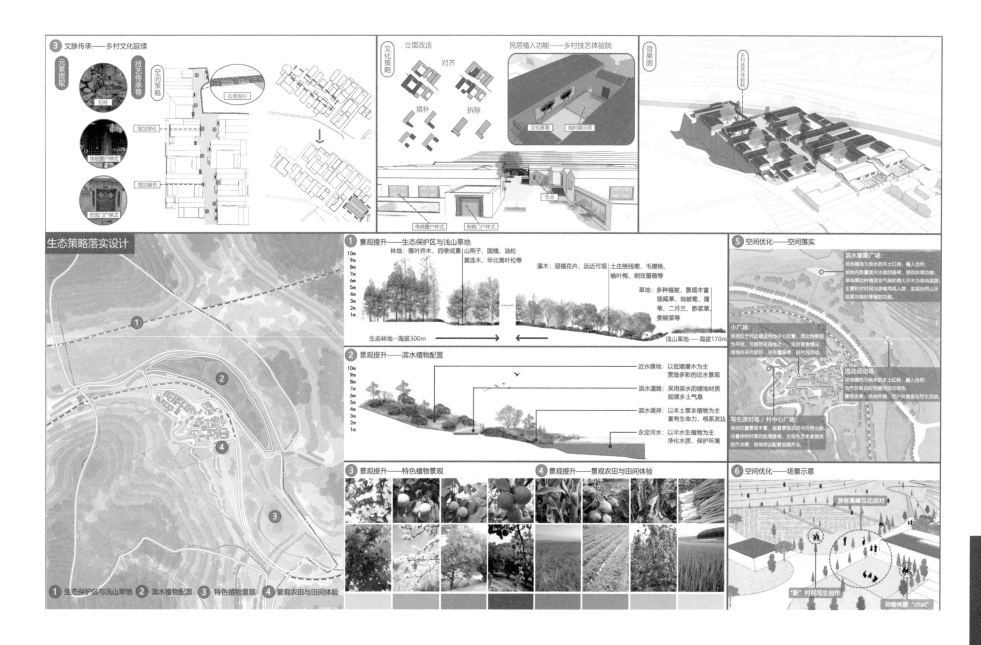

四年级

设计说明

本设计获得 2022 年 WUPENicity 城市设计竞赛三等奖。京杭大运河杨柳青段地处京畿三河交汇之地，因运河而兴，在古时便有"沽上扬州，北国江南"之名。设计基于对场地的整体认知，追寻历史空间脉络，引入文化场景理论和元宇宙技术，以水塑形、以廊串区、以站布局，创建两点文化元：1. 文化元＋游境，组织历史游—年画游—运河游的时空穿梭线，营造步移景异，亲近自然的"时空漫游境"；2. 文化元＋创境，以年画产业为支点进行产业链条的梳理，营造产创互联，多活力的年画创作孪生坊，旨在"讲好杨柳青古时故事，传承未来年画技艺"。

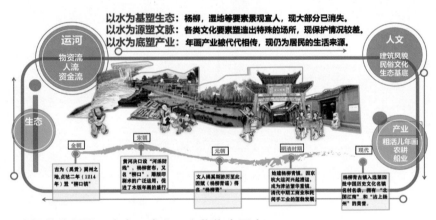

历史沿革分析图：生态、产业、文化绕水而生

教师点评

作品抓住杨柳青国家大运河文化公园建设的契机，找准场地文化特色和规划定位，以智慧技术和地域性的文化元素突出杨柳青特色年画文化在场地功能上的空间设计，从而传承历史文脉。该设计成果扎实，表现充分细致，图面质量高，但在街道空间尺度和细节化空间设计上还可以进一步提升。

四年级

学生姓名：王晔昕 辛鹏　　指导教师：李婧 任雪冰 梁玮男

总平面图

游创纪·寻梦丹青间
天津市杨柳青国家大运河地段城市设计

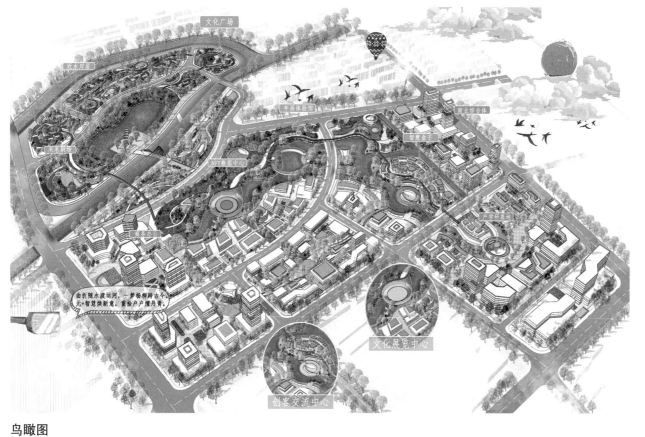

鸟瞰图

· 穿梭桥——连续湿地公园的景观廊道

· 年画资产库

· 年画创意工坊

节点设计图

· 时空漫游境

规划结构

场景设计一：时空漫游境

· 创作孪生坊

规划结构

场景设计二：创作孪生坊

四年级

设计说明

设计地段位于北京市门头沟区王平镇王平村，结合乡村振兴战略背景与京西"一线四矿"及周边区域协同发展规划，以触媒理论为指导，对乡村"三生"空间布局进行优化和提升，意将王平村打造成为一个以京西道矿文化为依托，综合集散服务为功能的特色文旅示范村，建设看得见山、望得见水、游有所得、居有所乐、贤有所归的美丽乡村。

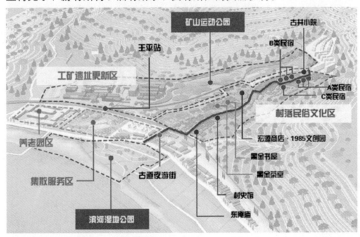

功能分区设计图

总平面图

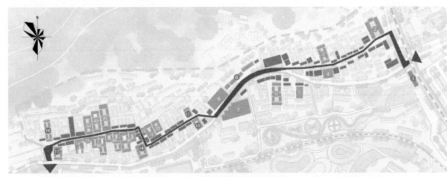

特色路线设计图

图例

- 古道夜游街
- ① 接待服务点
- ② 东庵庙&东王平村委会
- ③ 村史馆
- ④ 文娱中心
- ⑤ 黑金茶室
- ⑥ 黑金书屋
- ⑦ 党建中心
- ⑧ 集市
- ⑨ 宏源商店&1985文创园
- ⑩ 王平食堂
- ⑪ 特色餐馆
- ⑫ 王锦龙大院

- ⑬ 文化墙
- ⑭ 星晨饭店
- ⑮ 革命墙
- ⑯ 古井小院&西王平村委会
- ⑰ 酒馆
- ⑱ 国华商店
- ⑲ 优质民宿A1
- ⑳ 优质民宿A2
- ㉑ 优质民宿A3
- ㉒ 民宿+手工艺小院
- ㉓ 民宿+复古游戏小院
- ㉔ 民宿+口述史小院
- ㉕ 王平旅馆

教师点评

"宿游从道·三触三生"是以触媒理论视角下的乡村规划设计。设计选址门头沟区王平村，设计从区域分析、现状调研、文化挖掘、活动策划等多角度入手，对王平村的规划从功能定位、产业发展、空间风貌等方面提出了规划策略，结合重点院落、特色空间进行了深度设计。设计立意有新意，图纸完成度高，从分析到表现都体现了很好的完成度。

学生姓名：田惟怡 王欣彤 游瑞萱　　指导教师：梁玮男 李婧 任雪冰

四年级

宿游从道・三触三生
——触媒理论视角下的王平村规划设计

鸟瞰图

特色线路设计图

特色民宿改造效果图

工矿遗址更新效果图

王平站站点改造效果图

四年级

家园链接体
基于空间正义的通州运河家园中心城市设计

设计说明

通州运河自古以来乃京畿要地、商业重镇，其璀璨的运河文化在城市发展进程中黯然失色。基地位于通州副中心核心位置，承载着重塑运河文化，塑造市民精神家园中心的历史重任。基于上位规划，人群与资源配置分析，得出目前基地面临公服体系二元分异，弱势群体情感边缘化，资源配置失公失正，历史记忆失痕失活的核心问题。本次设计引入面向空间正义的超链接概念，以元宇宙技术为手段，以六元平衡的功能链接，互动无界的情感链接，多层次无障碍的交通链接，时空重塑的生态链接为策略，打破物质与精神空间，历史空间与未来空间的流动边界，构建和谐、宜居、平等的运河精神家园。

鸟瞰图

教师点评

该同学的作业立足于细致的实地调查，梳理总体更新框架，针对生活圈的欠缺问题以及场地突出的文化特色提出清晰合理的策略和规划路径。并对服务设施和生态景观进行详细设计，引入服务新业态，补充城市功能，形成片区新的文化景观；营建游客和居民共享的公共空间，整合形成文化廊道，提升片区环境和文化品质。作业整体上逻辑清晰，分析翔实，表达完整，成图美观，是一份优秀的课程作业。

学生姓名：辛鹏 齐家腾　　指导教师：姬凌云

四年级

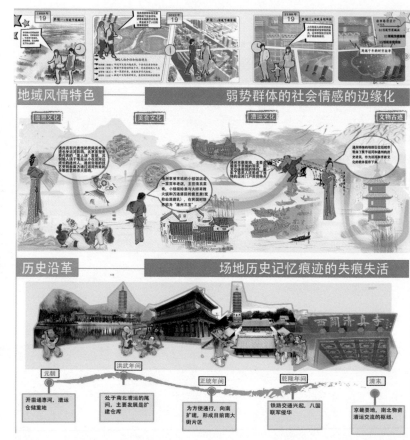

现状分析图

家园链接体
基于空间正义的通州运河家园中心城市设计

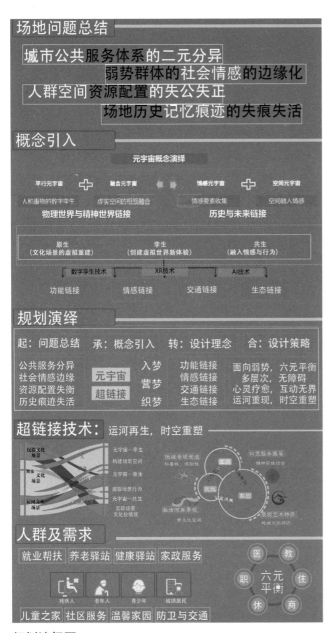

场地问题总结

城市公共服务体系的二元分异
弱势群体的社会情感的边缘化
人群空间资源配置的失公失正
场地历史记忆痕迹的失痕失活

概念引入

元宇宙概念演绎

平行元宇宙 ＋ 融合元宇宙 ➡ 情感元宇宙 ＋ 空间元宇宙

人和事物的数字孪生　　虚实空间的相互融合　　情感要素收集　　空间融入情感

物理世界与精神世界链接　　　历史与未来链接

原生（文化场景的虚拟重建）	孪生（创建虚拟世界新体验）	共生（融入情感与行为）

数字孪生技术　　XR技术　　AI技术

功能链接　　情感链接　　交通链接　　生态链接

规划演绎

起：问题总结　　承：概念引入　　转：设计理念　　合：设计策略

公共服务分异 社会情感边缘 资源配置失衡 历史痕迹失活	元宇宙 超链接	入梦 营梦 织梦	功能链接 情感链接 交通链接 生态链接	面向弱势，六元平衡 多层次，无障碍 心灵疗愈，互动无界 运河重现，时空重塑

超链接技术：运河再生，时空重塑

人群及需求

就业帮扶　养老驿站　健康驿站　家政服务

残疾人　老年人　青少年　城镇居民

儿童之家　社区服务　温馨家园　防卫与交通

医　教
职　六元平衡　住
休　商

规划演绎图

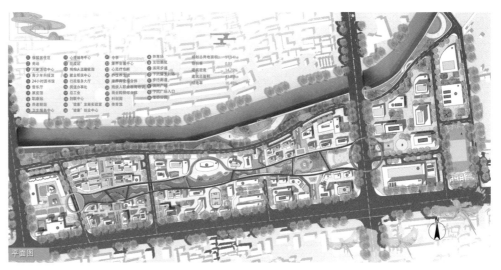

总平面图

儿童科创馆

就业指导中心

露天艺术走廊

张爷爷：老年弱势人群
状态：身体状态差，障碍
需求量高
诉求：衣食住行起居空间
互动交流空间

王大叔：中年失业下岗人群
状态：就业状态差，培训
需求高
诉求：就业创业服务
心理调试服务

陈阿姨：孕幼弱势特需群体
状态：行动能力差
诉求：医疗康养服务
健康检查服务

王同学：儿童弱势群体
状态：教育娱乐游乐需求高
诉求：游乐场所，艺术教育

海绵化处理　　视线分析

场地将不同层次空间通过连廊链接各类功能绿化空间而成，形成医疗、艺术、教育不同组团与生态的共融。

历史痕迹要素与场地空间形成轴线连接与空间的互动，文化融入生态空间，形成有文化内涵、情感记忆的活力空间。

场景营建图　　　　　　　　　　　　　　　　　　　**设计策略图**

四年级

REBORN GREEN
"灰峪村"村落环境更新设计

设计说明

北京门头沟区军庄镇灰峪村，当前面临空心化严重、产业模式亟待创新、历史文化逐渐遗失等发展问题。灰峪村山地环境特征突出，可供挖掘的自然教育资源、文化教育资源极其丰富，具有发展自然教育产业的潜力。

本设计主要探讨将自然教育的理念与乡村景观的规划设计、乡村村落景观更新相结合的可能性、相关设计手段及应用，探究实现乡村景观更新，为城乡居民提供自然教育服务，村庄借助自然教育产业实现可持续发展等多目的的可能与手段。

村落现状 1

村落现状 2

教师点评

设计选题以乡村振兴和乡村人居环境改善为宏观背景，以门头沟军庄镇灰峪村为实证对象，选题合理，贴近实际，具有一定的难度和复杂性。

成果质量方面，按期独立完成了全部任务，能熟练地综合运用所学理论和专业知识，设计方案较好，具有较强的独立分析问题和解决问题的能力，能结合题目参阅和利用有关资料。设计较完备、文字通顺、图纸较齐全。

学生姓名：朱宇轩 指导老师：张晋

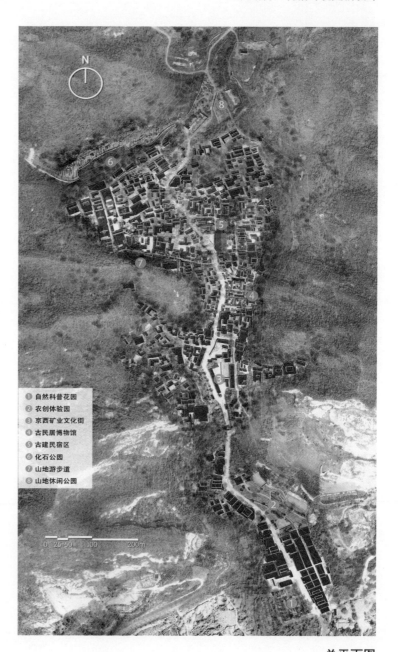

① 自然科普花园
② 农创体验园
③ 京西矿业文化街
④ 古民居博物馆
⑤ 古建民宿区
⑥ 化石公园
⑦ 山地游步道
⑧ 山地休闲公园

0 25 50   100   200m

总平面图

REBORN GREEN
"灰峪村"村落环境更新设计

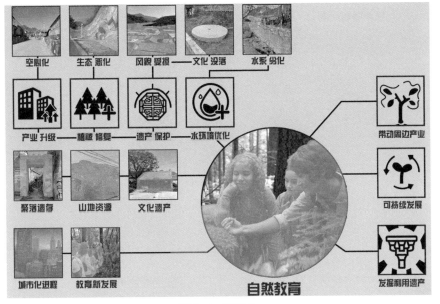

概念生成思路

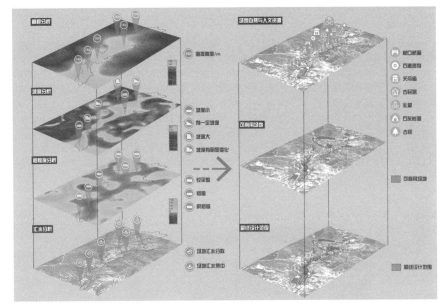

场地详细分析

鸟瞰图

四年级

京西古道八大处至香山段历史文化型绿道研究
南河滩节点景观规划设计

设计说明

　　节点根据生态及历史文化理念进行设计，主要形成绿道微线路网络及各个特色分区，总体形成"一主线，五特色线，承历史，保生态，多功能"的规划方案。从空间上总体形成主干线及微线路组成的路网系统，综合现有的进入西山森林公园及无梁殿的主线路，在南河滩节点的绿道主线路的基础上，形成多条特色微线路，共同形成绿道网络。线性空间围合形成各个特色分区，并赋予多种功能，从而实现对古建筑的保护、斑块的串联以及对历史文化的科普。

　　优化作为西山森林公园入口的交通功能，明确道路红线，优化道路设施并将路网重新梳理和设置，形成主要承载交通功能的主干线以及多条特色功能的微线路。提升场地历史文化宣传及体验功能，设置历史文化体验区，激活片区活力。提升场地自然教育功能，设置生物多样性保护及植物科普微线路，结合园艺活动科普展示。提升活动空间使用，设置开放街道及活动场所，满足人群的不同需求。

鸟瞰图

教师点评

　　以京西古道八大处至香山段为研究对象，完成绿道规划与南河滩节点景观设计内容，研究内容具有理论意义与实践价值。以历史文化挖掘分析及现状环境分析为基础，提出绿道规划策略与方案，对南河滩节点现状详细分析，以"一主线、五特色线、承历史、保生态、多功能"规划设计思路完成方案设计，并在历史文化遗迹保护规划基础上提出生物多样性及自然教育场所设计，有一定的创新性。

学生姓名：李同宇　　指导教师：杨鑫

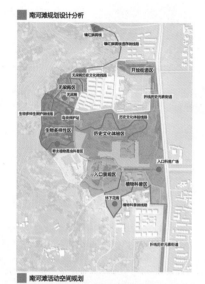

前期分析及规划

植物种植与搭配

京西古道八大处至香山段历史文化型绿道研究
南河滩节点景观规划设计

总平面图

1　无梁殿科普广场及微线路
2　无梁殿
3　居住区
4　香山南路8号院
5　生物多样性科普微线路
6　鸟类保护区及驿站
7　历史文化科普体验区
8　开放街道及花境带
9　乔主植物观察区
10　西山小馆
11　西侧副停车场
12　花海及花境游览区
13　林间小径
14　东泉主停车场
15　西山脊灰林
16　西山森林公园入口公园
17　西入口历史文化科普广场
18　植物科普微线路
19　林下花海
20　绿色产业园

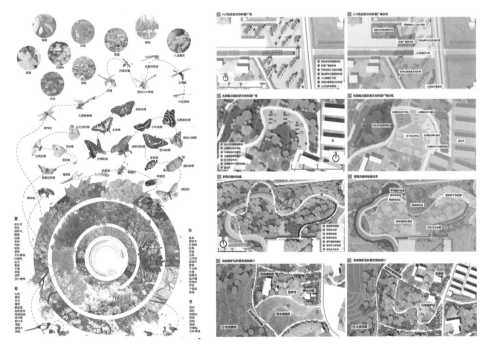

场地设计效果图　　　　**场地平面图**

生物多样性保护设计　　　　**生物保护区设计**

四年级

温"故"织"新"

"绿色共生"下的西安市纺织城三棉社区微更新改造

设计说明

　　纺织城位于东部新中心区域，国际开放轴上，属于纺织城创意片区三棉社区的内部打造了特色苏联风格街区，加快推进区域旧改老旧社区现状老龄化严重，人员流失，基础设施滞后，文化没落，社区活力衰退有待解决。从"故人、故居、故事"三个方面去探索三棉社区的人群活动、空间环境、场所活动等，对社区空间微更新，从而提升社区活力与品质。

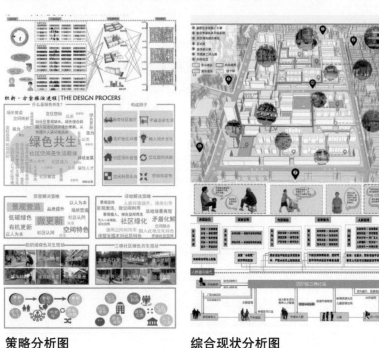

策略分析图　　　　　　**综合现状分析图**

教师点评

　　本城市更新设计通过详细调研，思考居民实际要求，尊重人民群众意愿，聚焦居民实际生活问题。设计因地制宜、分类施策，体现了坚持以人为中心的发展理念，力图让人民群众获得"满满的幸福"，让城市真正成为人民群众高品质生活的空间。涉及老旧住区宜居改善、低效产业用地活力提升、历史文化保护传承、城市生态空间修复等类型。采用精细的"微改造"设计方法，专注于城市肌理的修补，同时需要注重修补对象与周边环境相融合，打造各有特色的城市风貌。设计制图质量高，视觉想象力和线条表现力强，形象生动，构图合理，视觉效果舒适。

学生姓名：宋思思 李丹 唐婧　　指导教师：杨绪波 钟真

温"故"织"新"
"绿色共生"下的西安市纺织城三棉社区微更新改造

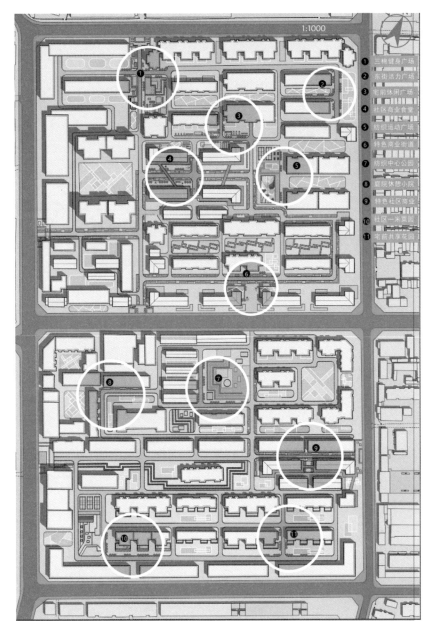

1:1000

① 三棉健身广场
② 东街活力广场
③ 宅前休闲广场
④ 社区商业食堂
⑤ 纺织运动广场
⑥ 特色商业街道
⑦ 纺织中心公园
⑧ 庭院休憩小院
⑨ 特色社区商业
⑩ 社区一米菜园
⑪ 宅前共享花园

总平面图

绿色空间设计

考虑到曾经社区一月一次的篮球活动等，专门设计了篮球场等运动场地，重现当初的厂区大院生活。

节点透视图

场景演绎图

四年级

断 "线" · 连 "线"
成都市金仪社区城市更新设计

设计说明

　　本方案主要规划了 "一心三轴" 的结构系统，内部的景观节点通过步行系统串联起来，内部步行系统与对外交通线路尽量不穿插，旨在为居民创造一个宜居的生活环境。在商业方面，通过连廊将商业与居住区连接起来，方便居民的生活。在菜市场方面，整理杂乱无序的摊位，将同一性质的摊位设置在一处，划定摊位范围线。在外部开敞空间，设置多种步行路线，曲折的步道与景观节点，形成多种视廊，加强了绿地景观的多样性。

教师点评

　　本城市更新设计对社区人员进行了详细的调研，思考居民的实际要求，并与居民共情，展现了以人为本的理念。以提高居民生活水平、提升生活质量为目的，打造居住休闲复合型社区。为增加住区间公共空间，用连廊将 "握手楼" 屋顶相连，使楼与楼间联系更紧密，将楼顶打造成供居民休闲的地方。力图改善居民生活质量，让社区成为居民高品质生活的空间。

　　该设计与上位规划衔接合理、规划方案结构清晰、构思新颖，充分结合社区环境，综合协调处理好城市的社会、经济、环境效益。本设计制图质量高，视觉想象力强，表达上形象生动，构图合理，视觉效果舒适。

基地位于四川省成都市郫都区红光镇广场路，该基地占地 20 公顷，在红光产城组团中心边缘，为一些在郫都区的务工人员提供了居住的地方。

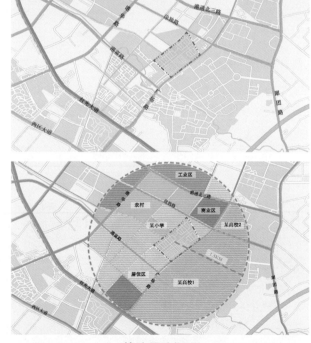

基地周边概况

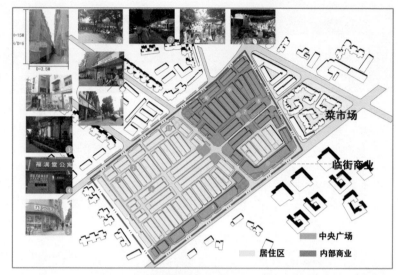

基地现状分析

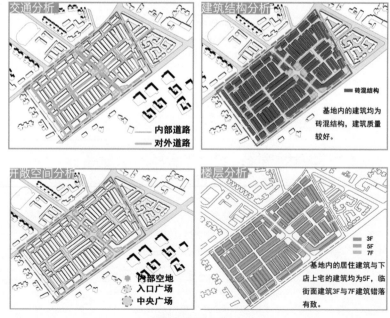

基地现状分析

学生姓名：艾洁 吴珊　　指导教师：杨绪波 钟真

四年级

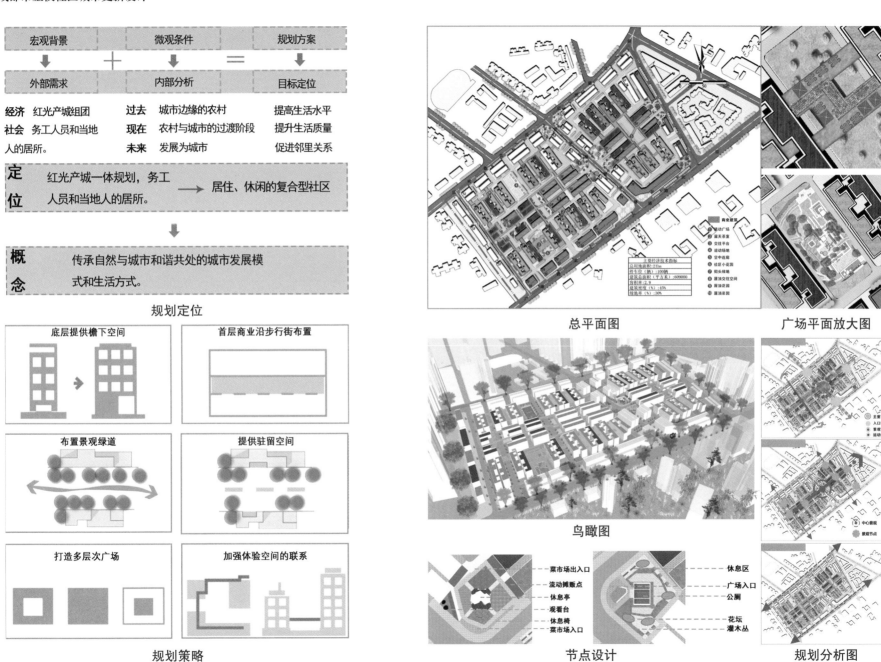

规划定位

规划策略

总平面图

广场平面放大图

鸟瞰图

节点设计

规划分析图

时间：轮回
基于生态修复理念下的矿山景观修复设计

设计说明

生态文明语境下一个特殊的遗产地——矿山，本次设计选址为吉林省白山市浑江区下的5个矿区，分别为井下矿、李家堡矿、露天矿、上青矿和东沟矿。这些矿区是吉林省白山市工业历史的缩影和见证。

昔日白山市最大矿区因矿而生，而今该地因矿而重生。未来重现过去，从现在被开采过度的矿山回到过去天山共色绿意盎然的自然生态家园，使生态遗产与文化遗产的活化，再生与可持续发展，人与自然的和谐共生。

本设计从生态修复到废地重生。修复生态，废旧矿山变青山；矿山片区空间重生，传承自然，生态文明利用主导下有观赏型自然诗意园林；享受生活，休闲空间营造主导下有普惠型亲子活动场所，有游憩型休闲娱乐片区；保护遗产，工业记忆复苏主导下有科普型矿业文明展览场馆。

矿山遗产从来不应是遗弃废地，过去的矿山提供了矿业资源价值，现在的矿山亟待修复、涅槃重生，未来的矿山将实现更大的生态价值、经济价值、社会价值、文化价值。从过去—现在—未来，矿山遗产是场所活力的轮回，是自身价值的轮回，是生态、记忆、文明的轮回。

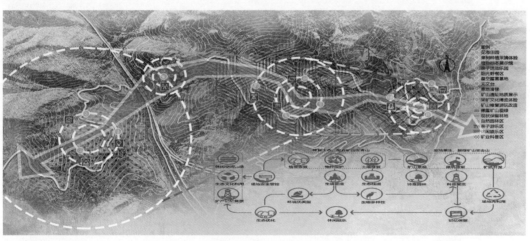

总平面图

教师点评

传统矿山的开采多存在开发规划无序、粉尘污染、废料土层污染等问题，造成资源的破坏与环境的恶化。这是一个着眼于实践性的设计探索——以矿区生态修复为契机，整合成具有生态美学的景观聚合体，从全面的眼光来看待污染问题整治，修复场地健康活力，思考废弃区资源利用，探讨矿区生态修复路径，发现活力，落实到矿山绿化公园以促使旧矿山拥有优质的生态氛围。通过设计，思考了地形整治可能性以及植被规划等，是对具有代表性的"镇—野"结合的"变废为宝"模式进行景观修复探索，也是对这种景观类型的有益补充。

基地周边有森林号子（长白山森林号子）等国家级非物质文化遗产，民俗文化灿烂多，周边矿产资源丰富，主要矿产资源有：铁矿、砂岩、钴矿、铋矿、白云岩、石灰岩、金矿。

浑江区具有明显的中温带大陆性季风气候，春秋更迭，四季分明，年日差较大。年平均气温多为3-5℃，无霜期一般多为115-140天，年降水量为800-1000毫米。

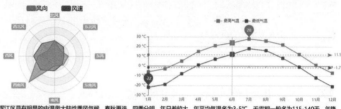

现状分析

学生姓名：艾洁 唐婧　　指导教师：赵向东

时间：轮回
基于生态修复理念下的矿山景观修复设计

　　植物搭配方面采用常绿加少量落叶树，可在四季观赏到。夏能遮阴、冬可沐浴阳光。色彩方面以绿色为主，少量异色叶作为点缀，搭配灌木使景观更有层次。

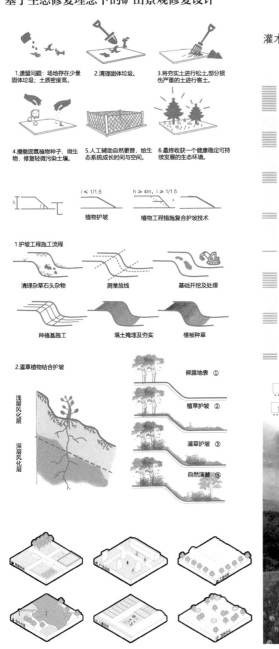

策略分析

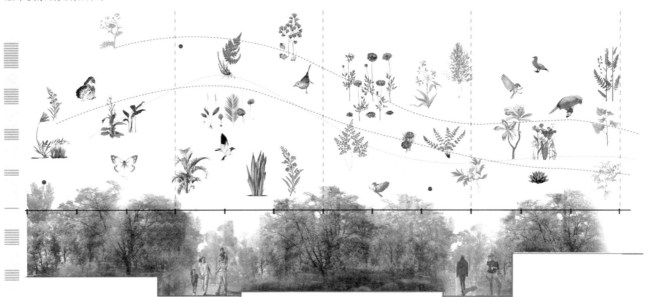

植物配置

总体效果

四年级